BIBLIOTHÈQUE SCIENTIFIQUE CONTEMPORAINE

Pêches et Chasses
Zoologiques

PAR

LE MARQUIS DE FOLIN

ANCIEN OFFICIER DE MARINE
MEMBRE DE LA COMMISSION SCIENTIFIQUE DES EXPLORATIONS SOUS-MARINES,
DE L'ACADÉMIE ROYALE DES SCIENCES DE LISBONNE,
DE LA SOCIÉTÉ IMPÉRIALE DES NATURALISTES DE MOSCOU,
DE LA SOCIÉTÉ IMPÉRIALE ET ROYALE D'HISTOIRE NATURELLE DE VIENNE,
COMMANDEUR DE L'ORDRE ROYAL ET MILITAIRE DU CHRIST,
OFFICIER DE L'INSTRUCTION PUBLIQUE, CHEVALIER DE PLUSIEURS ORDRES, ETC.

Avec 117 figures dessinées par l'auteur

ET INTERCALÉES DANS LE TEXTE

PARIS

LIBRAIRIE J.-B. BAILLIÈRE ET FILS

RUE HAUTEFEUILLE, 19, PRÈS DU BOULEVARD SAINT-GERMAIN

1893

BIBLIOTHÈQUE SCIENTIFIQUE CONTEMPORAINE

Pêches et Chasses Zoologiques

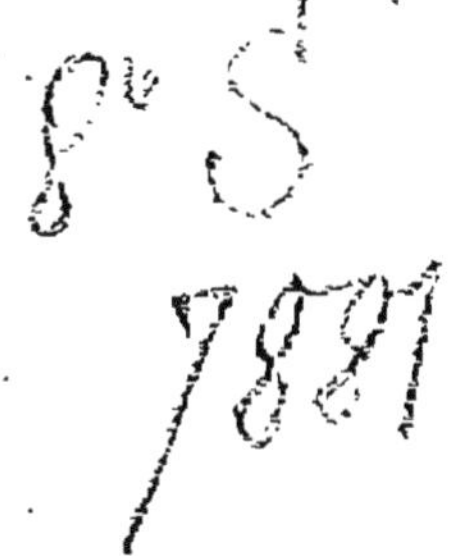

DU MÊME AUTEUR

Sous les mers. Campagnes d'exploration du *Travailleur* et du *Talisman*, 1 vol. in-16, avec 45 fig. *(Bibl. scient. contemp.)*. 3 fr. 50

Bateaux et Navires. Progrès de la construction navale, chez les différents peuples et à travers les âges, 1 vol. in-16, avec 132 figures dessinées par l'auteur *(Bibl. scient. contemp.)* . 3 fr. 50

A LA MÊME LIBRAIRIE

Au bord de la mer. Les dunes et les falaises, les animaux et les plantes des côtes de France, par le Dr TROUESSART, 1893, 1 volume in-16 de 350 pages avec 200 figures *(Bibl. scient. contemp.)* 3 fr. 50

Les plantes des champs et des bois. Excursions botaniques, par Gaston BONNIER, professeur de botanique à la Faculté des sciences de Paris. 1 vol. in-8, avec 873 figures dans le texte, et 30 planches 12 noires et coloriés . . . . 24 fr.

Guide du naturaliste préparateur et du voyageur scientifique, ou instructions pour la recherche, la préparation, le transport et la conservation des animaux, végétaux, minéraux, fossiles et organismes vivants, par G. CAPUS, docteur ès sciences naturelles. 2e *édition,* par A. T. DE ROCHEBRUNE, 1 vol. in-18, XII-324 pages, avec 223 fig. cartonné. . . . . 3 fr.

L'Aquarium d'eau douce et ses habitants, animaux et végétaux, par Henri COUPIN, préparateur à la Sorbonne, 1893. 1 vol. in-18 jésus, avec 228 fig., cart. *(Bibliothèque des connaissances utiles)*. 4 fr.

La vie au sein des mers, par L. DOLLO, aide-naturaliste au Musée de Bruxelles. 1 vol. in-16 *(Bibl. scient. contemp.)*. . . . 3 fr. 50

La lutte pour l'existence chez les animaux marins, par Léon FREDERICQ, professeur à l'Université de Liège, 1 vol. in-16, avec 50 figures *(Bibliothèque scientifique contemporaine)* . . . . 3 fr. 50

La pêche et les poissons d'eau douce. Engins de pêche, lignes, amorces, esches, appâts, pêche à la ligne, pêches diverses, nasses, filets, etc. par A. LOCARD, 1 vol. in-18 jésus, avec 174 fig., cart. *(Bibliothèque des connaissances utiles)*. . . . . 4 fr.

La pisciculture en eaux douces, par A. GOBIN, 1 vol. in-18 jésus, avec 93 fig., cart. *(Bibliothèque des connaissances utiles)*. 4 fr.

La pisciculture en eaux salées, par A. GOBIN, 1 vol. in-18 jésus, avec 50 fig., cart. *(Bibliothèque des connaissances utiles)*. . . 4 fr.

Les sciences naturelles et l'éducation par TH. HUXLEY, membre de la Société royale de Londres. 1891, 1 vol. in-16 *(Bibliothèque scientifique contemporaine)*. . . . . 3 fr. 50

Lyon — Imp. PITRAT AÎNÉ, A. Rey Succ[r]. — 5920

Pêches et Chasses Zoologiques

PAR

LE MARQUIS DE FOLIN

ANCIEN OFFICIER DE MARINE
MEMBRE DE LA COMMISSION SCIENTIFIQUE DES EXPLORATIONS SOUS-MARINES,
DE L'ACADÉMIE ROYALE DES SCIENCES DE LISBONNE,
DE LA SOCIÉTÉ IMPÉRIALE DES NATURALISTES DE MOSCOU,
DE LA SOCIÉTÉ IMPÉRIALE ET ROYALE D'HISTOIRE NATURELLE DE VIENNE,
COMMANDEUR DE L'ORDRE ROYAL ET MILITAIRE DU CHRIST,
OFFICIER DE L'INSTRUCTION PUBLIQUE, CHEVALIER DE PLUSIEURS ORDRES, ETC.

Avec 117 figures dessinées par l'auteur
ET INTERCALÉES DANS LE TEXTE

PARIS
LIBRAIRIE J.-B. BAILLIÈRE ET FILS
RUE HAUTEFEUILLE, 19, PRÈS DU BOULEVARD SAINT-GERMAIN

1893

PÊCHES ET CHASSES

ZOOLOGIQUES

INTRODUCTION

Par les belles matinées de septembre (c'est le mois de l'équinoxe, le mois des plus grandes marées, pendant lequel la mer se retire plus que de coutume), partout où de belles plages attirent les baigneurs, ceux-ci quittent de bon matin les chambres qu'ils occupent, et se portent allègrement en toute hâte sur les rivages.

Ce ne sont pas seulement les fillettes et les garçonnets qui vont se livrer à ces attrayantes recherches au milieu des Algues et des Varechs, dans les sables remués par le reste du jusant, qui a hâte de se répandre vers le large, tout en dessinant de gracieuses rigoles et en moirant les surfaces unies de la plage. Les explorateurs qui sont de tous les âges animés par des vues diverses, fouillent sous les pierres, dans les roches, en leurs crevasses, en leurs caverneuses découpures. Les uns ne sentent que l'amour de la pêche, d'autres ont pour but le mouvement, quelques-uns la curiosité, enfin parmi eux on compte aussi des naturalistes.

Suivez ceux-ci, ils procèderont avec certaines méthodes qui rendront leurs recherches fructueuses et vous apprendrez en les imitant à devenir bons pêcheurs; peut-être aussi leurs exemples et leurs leçons feront-ils de vous des adeptes.

D'ordinaire c'est sur le rivage, au point même qu'atteignent les pleines mers que l'on peut commencer les recherches. Elles seront plus productives, si on se porte immédiatement à la limite de la partie asséchée; dans ce cas, on remontera à mesure que le flot s'avancera en explorant les prairies d'herbes marines, les flaques d'eau retenues dans les creux des roches plates, enfin en labourant la surface des sables.

En certaines circonstances, les pêches sont bien plus intéressantes, c'est lorsqu'il est possible d'aller au large sur des points que le jusant laisse à découvert, en maintenant entre eux et le rivage de larges bras de mer trop profonds pour qu'on puisse les traverser sans l'aide d'une embarcation.

C'est ainsi que sur la côte bretonne, à Portrieux, petit port du département des Côtes-du-Nord, un massif de roches situé à 3 ou 4 milles au large (fig. 1) se trouve, dans les grandes marées, entouré d'un haut fond de sable parfaitement asséché et sur lequel il faut arriver vers la fin du jusant. On n'a guère plus d'une heure et demie de séjour

Fig. 1. — La pêche à sec sur un banc qui assèche au large de Portrieux (Côtes-du-Nord).

possible sur ce plateau sablonneux. Aussitôt rendu et débarqué, on se hâte de chercher au moyen d'une bêche les lançons qui se sont enfouis dans le sable ; chaque coup de l'instrument en rejette deux ou trois hors de leurs retraites, en toute hâte il faut mettre la main sur eux, car ils seraient aussi prompts à s'enfoncer de nouveau qu'on a été à les découvrir. Lorsqu'on a capturé un nombre suffisant de ces petits poissons, on s'en sert pour amorcer des palanques, c'est-à-dire de fortes lignes sur lesquelles s'embranchent des avançons en laiton garnis de forts hameçons. Ces palanques une fois amorcées sont élongées sur le fond dans le sens que le flot suivra pour remonter, et leurs bouts viennent se fixer sur le plat bord du canot qui a amené les pêcheurs et qu'ils ont laissé échoué sur le banc. Aussitôt cette opération terminée, on parcourt les rochers qui sont au centre du plateau. Avec des hameçons à morues ordinairement d'une grande taille, et que l'on a fixés à l'extrémité d'une gaule on sonde les trous, les crevasses et presque toujours on en retire un congre ou un homard, une langouste ou un crabe tourteau. D'autres, se servant d'avenaux, fauchent dans les fosses remplies d'herbes au fond desquelles il est resté de l'eau et prennent en abondance de magnifiques crevettes.

Nous ne parlons ici que de ce qui est comestible, et cependant il y a aussi pour le collectionneur de belles trouvailles à faire en échinodermes, en polypes, en vers, en spongiaires, en mollusques et surtout en petites espèces de Crustacés, dont quelques-unes restent encore inconnues.

Mais le temps a passé avec tant de rapidité en remplissant les paniers et les flacons que déjà le mouvement ascendant des eaux vers la côte se prononce. On s'appelle, on court au canot, on s'embarque, et, ma foi ! il était temps, quelque cinq minutes après il est à flot, et il faut s'occuper des palanques. Elles n'ont pas toutes leur monstre pris, mais on n'en amène pas moins à bord une douzaine d'énormes bars, comme on n'en prend que dans ces occasions, pesant chacun 9 à 10 kilogrammes et qui, suivant le flot pour happer les lançons sortant du sable quand l'eau monte, se sont trompés et se sont fait prendre.

Lorsqu'une plage semble avoir été explorée jusqu'à l'épuisement, il faut se retourner vers les fonds toujours submergés et leur arracher quelques-unes de leurs secrètes richesses.

Pour ce faire, on peut employer plusieurs moyens.

Le meilleur est assurément le *dragage*. Il est facile de l'exécuter avec de petites dragues. La carcasse peut être faite par un serrurier. Elle se compose (fig. 2) d'un cadre ABCD, ayant environ de 30 à 40 centimètres de longueur sur 15 à 16 de hauteur ; les grands côtés AB-CD sont formés par des lames, tranchantes au dehors, larges de 4 à 5 centimètres, percées de trous vers le dedans, et fixées sur les petits côtés AC et BD, de manière à s'incliner du dedans vers le dehors sous un angle de 25 à 30 degrés (fig. 3).

Les côtés AB et CD en fer rond reçoivent des pattes d'oie en fer, BFD et AEC, pouvant tourner en B et D sur le fer rond et terminés en E et F par un œil sur lequel, en les rapprochant l'une de l'autre, on amarrera la fune (fig. 4), cordage d'une grosseur convenable pour la dimension de la drague et d'une longueur ayant au moins deux fois la profondeur des eaux dans lesquelles on draguera.

Sur le cadre, un filet ABCDG, que le premier pêcheur venu aura bientôt confectionné, se fixera en l'enverguant par un transfilage sur les petits côtés et sur les grands, en se servant des trous préparés à l'avance

Au lieu de filet, un sac en toile d'emballage sera tout aussi bon, seulement il durera moins.

Si l'on ne veut pas faire la dépense d'une drague en règle, il sera facile d'en établir une soi-même, et elle donnera aussi d'excellents résultats, mais évidemment moins considérables. C'est l'instrument que j'ai imaginé pour mettre les capitaines au long cours, qui ont bien voulu concourir à l'étude des mers[1], en état de nous rapporter des spécimens des fonds de tous les parages où ils se trouvaient ; il a si bien réussi, que c'est avec la plus grande confiance en lui que je le propose aux

[1] Voyez Folin, *Sous les Mers*.

chercheurs. Il se compose d'une boîte de conserve (fig. 5), naturellement vidée et à laquelle on enlève aussi le fond, il reste un cylindre en fer-blanc ABCD, que l'on déprime quelque peu pour que sa forme

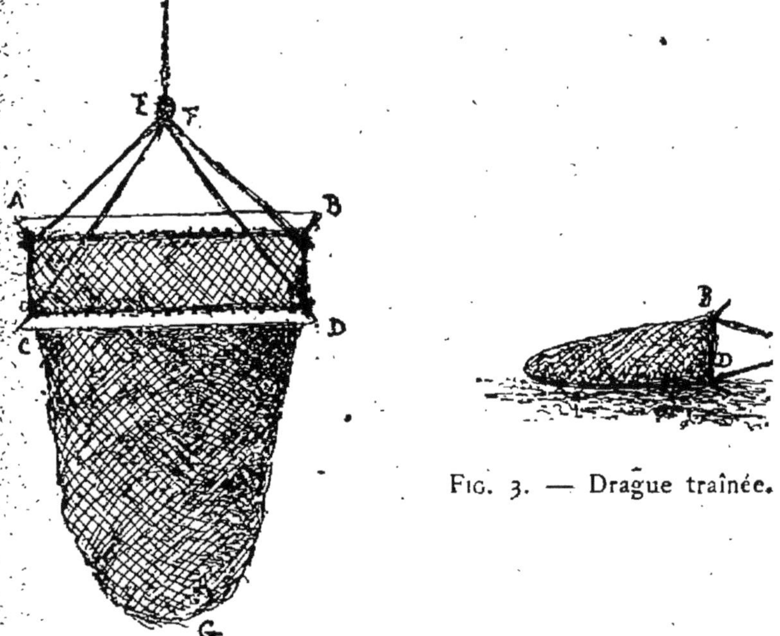

Fig. 3. — Drague traînée.

Fig. 2. — Cadre de la drague.

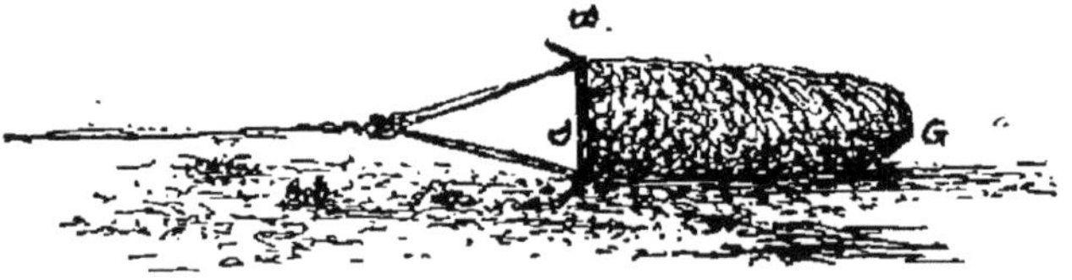

Fig. 4. — Filet de la drague.

devienne elliptique A′B′. Une des extrémités CD est percée de petits trous. Une manche en toile CDE, toile d'emballage si l'on veut, est cousue sur l'extrémité CD, au moyen des trous. Elle est fermée en E au moyen d'un petit amarrage qui se largue lorsque l'engin revient plein et qu'on doit faire tomber son contenu dans le récipient où il sera lavé et tamisé. En A et B, sont percés deux trous un peu forts, pour y fixer les deux bouts d'une patte d'oie, soit en corde, soit en fil de fer, ayant un œil sur lequel s'amarrera la fune.

Muni de l'un ou l'autre de ces instruments, en allant au large avec une embarcation à quelque distance de la côte, par 20, 30, 40, 50 mètres et même davantage si on veut, les dragages s'opéreront facilement en ayant soin d'éviter de mouiller la drague sur un fond de roches, à moins que celles-ci ne forment un plateau. Elle se remplira de sable ou de vase, si on la promène pendant environ un quart d'heure sur le fond.

Afin qu'elle opère bien, il est nécessaire de fixer une pierre un peu lourde ou un plomb de sonde sur la fune à 5 ou 6 mètres en avant de la drague ou du tube en fer-blanc.

Lorsque l'instrument reviendra à bord du canot dragueur, son contenu sera vidé dans un seau, puis par parties, placé dans un tamis qui sera agité dans un autre seau plein d'eau. Ainsi bien lavé, ce qui restera sera mis au sec, et c'est dans ce résidu que se rencontreront un grand nombre de petits animaux de tous ordres fort intéressants et parmi lesquels il est probable que se trouveront quelques espèces inédites. En effet, tout n'est pas encore découvert, les opérations dans le genre de celles dont nous venons de parler se font très rarement, et les surfaces restant à explorer sont bien vastes.

D'après ce qui vient d'être dit, le lecteur reconnaîtra aisément que le genre de sport que constitue la pêche sur les plages présente, lui aussi, ses charmes.

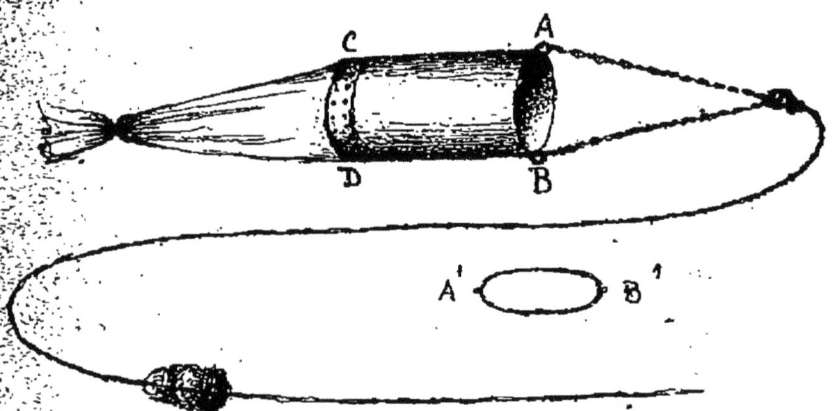

Fig. 5. — Construction d'une drague simple avec une boîte de conserve.

Qu'il le remarque, c'est sans aucun danger qu'il pourra se livrer à la pêche des Crabes et des Crevettes, dût-il faire sortir de son trou quelque congre qui fuira effrayé, ou réveiller quelque poulpe, dont les longs bras ventousés ne s'agiteront que pour s'assurer le moyen de s'échapper. Chers Pêcheurs, ce ne seront pas eux qui pourront troubler vos ébats.

Cependant, considérez-le bien, vos jouissances ne seront pas aussi complètes, aussi vives qu'elles pourraient l'être, si c'est inconsciencieusement que vous cherchez et que vous pêchez, c'est-à-dire si vous ne connaissez qu'imparfaitement les animaux que vous vous efforcez de capturer. Vous n'avez, en effet, pas de but bien déterminé, c'est le plaisir de trouver que vous visez, si vous ne savez même pas quelles sont les espèces que vous pouvez rencontrer, si vous n'avez aucune idée de leurs noms, de leurs formes, de leurs habitudes.

Au contraire, ce sera tout autre chose si vous vous appliquez à des recherches particulières ayant en vue de découvrir telle ou telle petite bête, d'en réunir toutes les espèces et variétés d'en former une collection, puis de passer à un autre groupe d'organismes, et de leur courir sus pour en faire autant d'eux. C'est en ayant en tête une telle perspective, c'est en stimulant en vous le désir de découvrir que vous élargirez le cercle de vos joies, que vous les rendrez plus vives et plus profitables, puisqu'elles vous instruiront.

Ces résultats obtenus, vous sentirez le besoin de multiplier vos chasses et vos pêches, vos satisfactions en seront plus grandes et plus nombreuses.

CHAPITRE PREMIER

LES PLAGES

Il nous semble qu'en nous servant d'une partie de notre littoral français comme type nous préciserons mieux les faits, et, on le comprend bien, ce qui sera dit de celle-ci pourra s'appliquer non seulement à toutes celles de notre pays, mais aussi à tous les bords de mer en général.

Prenons donc Biarritz comme centre de station, et commençons par montrer ce qu'elle comprendra de rivages, de plages et de rochers qu'il faudra soumettre aux investigations.

Aperçu de Biarritz, le fond du golfe de Gascogne se présente sous un aspect non seulement grandiose mais aussi des plus pittoresques. Si, du haut de l'Atalaye, vous regardez au nord, comme premier plan s'étale à vos pieds le Port des Pêcheurs; c'est une échancrure dans le massif nummulitique, constellée des débris du déchirement qui l'a découpée en rochers aux formes étranges et aux contours bizarrement dentelés par les chocs de la vague, qui se rue sans cesse sur eux. Cette sorte de baie est bornée d'un côté par l'Atalaye, et son autre extrémité s'appuie sur une assez forte masse rocheuse qui est reliée à la terre ferme par un pont et que l'on nomme le *Bazta*. C'est une roche assez élevée et sur quelques parties de laquelle poussent des herbes et des tamaris.

Plus loin, d'autres pointements du nummulitique (fig. 6) portent les noms de *Labardin, Misérable, Bouton, Chaning, Artillerie, Rochecôte.*

Ce n'est pas tout, comme pour protéger la belle plage qui se déroule en une gracieuse courbe au delà du Bazta, on trouve encore la *Roche plate*, la *Roche longue*, en dedans d'elle, la *Frégate*, puis plus à terre la *Roche ronde* ou *Redonde*.

Toutes peuvent être visitées avec fruit, car le chercheur, s'il a en mains un marteau de géologue, en fracturant les aspérités qu'elles présentent, dégagera une grande quantité de fossiles de toutes sortes, et chaque fois qu'il en a été recueilli une série, il s'est trouvé qu'il y avait parmi les spécimens bon nombre d'espèces inédites. Puis comme les couches superposées ne renferment pas exactement les mêmes espèces, il y a de jour en jour chance d'en découvrir de nouvelles.

En deçà du Bazta se trouve une petite plage qui assèche à basse mer et qui est tapissée de roches plates sur lesquelles s'étalent des algues. On la

Fig. 6. — Biarritz : 1, La Frégate. — 2, Roche longue. — 3, Redonde. — 4, Misérable. — 5, Roche plate. — 6, Chaning. — 7, Artillerie. — A, Pignadas des Landes. — B, Tour des signaux. — C, Entrée de l'Adour. — D, Jetées de la Barre. — E, Cap Saint-Martin. — F, Phare de Biarritz.

Fig. 7. — La pêche à sec sur les rocs de Chibane.

Fig. 8. — Biarritz. La grande Plage. La Roche ronde. Le Phare.

nomme *Chibane* (fig. 7). A mer basse, il est possible d'aller assez loin de sa rive et c'est le point le plus à la portée pour y opérer des recherches qui seront toujours fructueuses, vu la quantité d'animaux divers qui s'y trouvent.

De l'autre côté du Bazta commence à s'étaler la *grande Plage* (fig. 8), nommée autrefois *plage des Fous*, parce que, avant l'installation des bains, on trouvait imprudent de s'y baigner. Elle court en décrivant un arc allongé vers les falaises qui brusquement se dirigent vers l'ouest, pour former le cap Saint-Martin, sur lequel s'élève hardiment le beau phare qui domine, vers le nord, tout l'ensemble pittoresque que développe l'Océan roulant furieusement ses volutes lorsqu'il se fâche et gronde. C'est une sentinelle vigilante, qui signale aux navires le gisement de la terre de Labour.

L'extrémité du cap est découpée en gradins, formant deux ou trois étages de plateformes, sur lesquelles les pêcheurs armés de gaules démesurées sont assidus lorsque la mer ne les balaie pas. Une singularité à noter, c'est que, sur l'une d'elles exposée au sud, au pied des touffes d'une sorte de plante grasse, le *Cithmum* maritime, qui pousse avec exubérance sur les roches, on trouve un remarquable mollusque, l'*Auricula* ou *Alexia myosotis*, variété fort intéressante, peut-être même constituant une autre espèce, localisée sur ce point, habitant un espace de quelques mètres carrés et ne se retrouvant nulle autre part.

Au delà du cap, la plage commence à courir directement dans la direction du nord s'inclinant de quelques degrés vers l'est. Mais, avant d'adopter la droite ligne, elle a dû envahir et faire disparaître une grotte assez profonde, qui portait le nom de *Chambre d'Amour*. Suivant la légende, deux amoureux s'y seraient laissé surprendre par le flot en temps de tempête et y auraient péri. Peu à peu les sables que les courants enlèvent au littoral, depuis la pointe de Grave à l'entrée de la Gironde jusqu'au point d'arrêt que présente le cap Saint-Martin, se sont accumulés dans la grotte et l'ont complètement comblée. Il y a une vingtaine d'années à peine, on pouvait encore se rendre parfaitement compte de son existence et de sa profondeur.

En suivant de l'œil la zone de ces sables, sur lesquels de grosses lames brisent fréquemment, on aperçoit l'entrée de l'Adour signalée par ses jetées et sa tour ; du haut de la tour, le pilote major indique par des signaux, aux navires entrant ou sortant, la route qu'ils doivent faire pour passer sur la barre du fleuve.

Enfin une longue bande blanchâtre au-dessus de laquelle se fond la zone vaporeuse des pignadas s'étend sans découpure, sans sinuosité, sans déviation, s'allonge ainsi pour parcourir bien des kilomètres. La masse épaisse de ces pignadas ne recouvre pas seulement les dunes, elle s'étend bien au loin dans les plaines de sable des Landes, jusqu'à ce qu'elle rencontre les premières ondulations pyrénéennes.

Revenons au rivage, il s'éloigne toujours pour se confondre, bien au delà de cap Breton, d'un côté avec le ciel, de l'autre avec l'océan, le tout ne présentant bientôt plus que le même vague.

Si nous tournons alors le dos à cet ensemble qui, en s'évanouissant au loin, cesse d'intéresser, si nous nous portons sur l'Atalaye, vers le corps de garde des douanes, nous trouverons non loin de là un poste d'observation convenable, et ce qui se voit de là vaut la peine qu'on s'y arrête. Sur les restes d'une vieille tour, vestige des défenses militaires d'autrefois, se trouve élevée une sorte de vigie qui était destinée autrefois à guetter le large. Elle se compose d'un mur d'abri percé d'une large ouverture à travers laquelle la vue pouvait se porter de tous côtés, et d'un foyer placé au centre d'une espèce de tour ouverte du côté de l'Est. D'abord cylindrique, elle se termine par un cône tronqué destiné à donner passage à la fumée qui servait à signaler aux bateaux-pêcheurs de sardines alors qu'ils étaient au large, l'approche des bancs de ce poisson (fig. 9).

De ce point, le spectacle qui se présente est tout différent du premier. Au bas de la masse rocheuse qui descend presque verticalement, toujours du calcaire nummulitique, se trouve le Vieux Port sur lequel l'œil plonge pour admirer combien sa situation est bien appropriée à l'usage auquel on l'a destiné sans qu'il ait fallu pour cela beaucoup de peine. C'est en effet une anse, on pourrait dire

Fig. 9. — Signal à feu.

une baignoire où en tout temps les bains de mer sont sans dangers. Et ici encore se trouvent des rochers qui, en avant du Port vieux, se montrent comme des sentinelles avancées pour le protéger.

En commençant vers le sud, c'est le Balia, puis les Carritz et l'Opernaritz, un peu plus en dedans la Pantoufle; le plus grand de tous, le Boucalot, se relie presque par le Coulon et le Bouffle, comme intermédiaires, au rocher de la Vierge, dont le sommet porte la statue de l'Étoile de la Mer, protectrice des marins et sur lequel s'appuient les travaux entrepris pour créer un port en cet endroit. Il n'a pu être terminé, les fureurs des mers d'hiver ayant démontré l'impossibilité de l'entreprise.

Il est fâcheux qu'au lieu de jeter les yeux sur cet emplacement on n'ait pas songé au Port des Pêcheurs; un simple coup d'œil, jeté du haut de l'Atalaye sur cette position, aurait suffi pour indiquer qu'en ce lieu le succès eût été certain; jetée, avant-port et port sont en quelque sorte tracés par la nature et les dépenses eussent été bien moindres; une grande partie des matériaux nécessaires auraient pu être prise sur place, à pied d'œuvre. Espérons qu'un jour on comprendra qu'un port d'accès permanent, dans cette partie du golfe, est indispensable et qu'aucun autre emplacement ne peut être aussi favorable.

Revenons au panorama qui se déploie au delà des roches du Vieux Port ; c'est le fond du golfe de Gascogne, dessiné par la côte de France qui va bientôt prendre fin, après avoir couru quelque peu vers le sud, et par celle d'Espagne qui prend naissance vers le cap Figuier. C'est un des contreforts de cette belle montagne au pied de laquelle on distingue quelques blanches maisons de Fontarabie, nous voulons parler du mont Jaïzguibel, qui continue au bord des eaux la chaîne des Pyrénées en se reliant à une suite de croupes élevées dont les contours irrégulièrement tracés profilent sur le ciel, en courant vers l'ouest, les terres du Guipuzcoa. Quelques-unes de leurs pointes permettent de reconnaître les situations des ports du Passage, de Saint-Sébastien, de Guetaria, de Lequeitia et leur ensemble se prolonge en diminuant de vigueur pour s'évanouir au delà du cap Machichaco, situé à peu de distance du Nervion, la rivière de Bilbao. Mais il faut un temps propice pour que l'on puisse voir jusqu'à cette limite; en temps ordinaire les terres s'effacent beaucoup plus près de l'observateur (fig. 10.)

Ce n'est pas seulement de l'Atalaye que les amateurs de panoramas pourront satisfaire leur goût. Du haut de la falaise qui domine la côte des Basques, le spectacle est bien plus frappant, on peut sans hésiter le déclarer splendide, lorsqu'à certaines heures la brillante lumière particulière à Biarritz, éclaire diversement chacun des détails du tableau. Les montagnes lointaines sont teintées de bleu clair; celles plus rapprochées, de tons violets; leurs pentes qui s'accidentent en coteaux onduleux parviennent jusqu'aux rives en se colorant de nuances brunâtres sur lesquelles courent les zones vertes et dorées des cultures; les falaises montrent des taches blanches, d'ocre et de rouge ferrugineux et au pied de ce décor charmant, le flot d'azur frange de son écume laiteuse ou argentée les plages sur lesquelles il vient s'épancher.

Examinons maintenant un à un les principaux détails de cette scène, que nous n'hésitons pas de taxer de merveilleuse en certains jours.

D'abord un rocher assez bizarrement soulevé, le *Cachao* (la grosse dent), à partir duquel la mer s'enfonce quelque peu dans l'est pour former une demi-anse à laquelle s'appuie la côte des Basques.

A mer basse, on peut y faire des recherches et les pêches y seront bonnes.

A sa suite, viennent se placer les falaises de l'Abattoir, non verticales mais s'inclinant en stries capricieuses, chevauchantes; les ondulations de ces falaises sont parsemées de touffes de plantes vertes, qui contrastent gracieusement sur leurs tons ardoisés.

Puis ce sont les falaises de Beaurivage. A leur suite on aperçoit la villa Marbella; son nom rappelle une coquette petite ville d'Espagne située presque sous l'aile de Gibraltar; son dôme de verre est significatif, il indique que cette originale habitation est une réminiscence mauresque; les murs qui du côté de la mer défendent ses terrasses, s'ap-

Fig. 10. — Pêche du thon et du maquereau : 1, Château d'Abadia. — 2, Pointe d'Hendaye. — 3, Les Deux Frères. — 4, Fontarabie, embouchure de la Bidassoa. — 5, Cap Figuier et phare. — 6, Mont Jaïzguibel. — 7, Notre-Dame de Guadeloupe. — 8, Le Passage.

puient sur les premiers pointements d'un banc de roche dont la série de têtes noires s'étend assez loin dans la mer et qui assèche presqu'en entier dans les grandes marées; on le nomme la *Mousclariette,* parce que les moules y sont abondantes, c'est un des points les plus propices pour y opérer des recherches et y pêcher.

Un peu plus dans le sud et plus directement devant la villa, se trouve une roche plus élevée presque arrondie à son sommet; elle porte le nom du *Gourepe.*

Au large, lorsque la mer est grosse, on aperçoit diverses *battures :* c'est ainsi que les pêcheurs nomment les lames qui se brisent sur les roches du fond; il y a, sur les saillies qu'elles forment, une action de répercussion dont la surface se ressent et qui soulève et blanchit toute la partie qui recouvre le massif rocheux. En mer calme, c'est aux alentours de ces points qu'il faut aller draguer, puis, comme les pêcheurs de langoustes, y mouiller, en guise des grands paniers destinés à prendre ces animaux, des boîtes percées de quelques trous et remplies avec de la paille et un appât de chair un peu vieille, intestins de volailles ou de poissons, et bien fermées sauf les trous pratiqués; on les descend sur le fond avec une pierre ou un plomb comme lest et une petite bouée sur l'orin, la corde qui tiendra la boîte et au moyen de laquelle on la ramènera à la surface. Il ne faudra pas plus de vingt-quatre heures pour qu'on y trouve bon nombre de petits crustacés intéressants. Ces battures se trouvent sur les roches de la Placette, du Moulin et sur quelques autres situées à une certaine distance au large du cap Saint-Martin. Alors qu'elles

FIG. 11. — Effet rétrograde d'une vague déferlant sur une roche.

sont bien apparentes, l'aspect sur la côte elle-même est parfois saisissant. En certains points, des lames prodigieuses viennent se heurter contre les roches découvertes et brusquement arrêtées dans leur élan, l'eau à laquelle la roche résiste, se transforme en des masses d'embruns adoptant des formes nuageuses d'une blancheur éblouissante. Ces masses écumantes s'élèvent fort haut, presque verticalement en se détachant fortement en clair sur la mer et le ciel. Puis elles retombent sur la roche, s'y épanchent en ruisselets pour l'ornementer de nombreuses cascadelles si crûment blanches qu'on les dirait de lait.

Sur les plages, les volutes que le vent pousse de toutes ses forces pour les laisser déferler avec fracas, alors qu'il semble que leur courbure va devenir plus formidable en s'élevant encore et en prenant de la verticalité, présentent parfois de singuliers et curieux aspects. A leur sommet, par un effet rétrograde dû, sans doute, à l'énorme poussée qu'elles font ressentir aux masses d'air contre lesquelles elles se heurtent, il se produit un courant tout à fait opposé à celui qu'elles suivaient d'abord. Une certaine quantité d'eau se détachant de leurs crêtes s'échappe comme pulvérisée et s'allonge en embruns dans une direction tout à fait contraire à celle que suit la lame et contre le vent et vont se vaporiser en arrière d'elle. Cet effet bizarre est fort intéressant à observer (fig. 11),

Un petit ruisseau, déversoir de l'étang de Chabiague, se perd en l'Océan presque sous les murs de la villa Marbella. Après l'avoir traversé, les promeneurs curieux pourront en fouillant les flancs d'un amoncellement, de sables qui simule une falaise minuscule, une demi-dune, mettre à jour quelques troncs d'arbres ayant appartenu à une forêt qui fut enfouie par suite de quelqu'événement géologique en des âges reculés, mais non bien anciens, car les bois qui se trouvent là ne sont même pas encore passés à l'état de lignite. En recherchant autour d'eux et parmi les branchages, on pourra facilement recueillir quelques-uns des fruits que portaient ces arbres, des châtaignes, des glands, des noisettes qui cherchent à se fossiliser. On retrouve des traces de cette même forêt dans l'intérieur des terres, sur plusieurs points assez éloignés les uns des autres, et même sous les flots à une certaine distance du rivage.

C'est dans les environs du ruisseau de Chabiague qu'il faut chercher un pointement d'ophite assez intéressant, puisque les géologues le signalent.

Les ondulations de la dune se prolongent jusqu'à Mouligna situé au pied d'une première croupe digne d'attention, et où viennent se répandre dans les sables de la plage les eaux du ruisseau par lequel s'écoulent celles du lac de la Négresse.

Sur le promontoire en miniature qui commande cette modeste embouchure, notre ami, M. Arnaud Detroyat, a découvert l'emplacement d'une station de l'âge de pierre, un foyer, quelques fragments de très grossière poterie et de belles pièces en silex taillés. Malheureusement le sol tourbeux, dans lequel ces trouvailles ont été faites, se trouve incessamment bouleversé par les grosses mers d'hiver, les niveaux changent et les ustensiles de pierre disparaissent comme il en est de quelques espèces fossiles signalées sur certains points de ce littoral, et qui au bout d'un temps plus ou moins long disparaissaient, une nouvelle couche ayant succédé à la première et contenant des restes d'animaux tout différents.

Par-dessus les profils de Handia, on distingue les sommets des vastes constructions de Castel-Biarritz situés dans ce que l'on nomme la Faille de Cazeville. A l'instar des gigantesques hôtels ou caravansérails américains, en lesquels le voyageur trouve réuni comme en une sorte de ville tout ce qui peut satisfaire ses besoins et même ses caprices, Castel-Biarritz devait devenir à lui seul une station balnéaire indépendante, autonome et surtout à la mode. Mais la société, fondée à l'effet d'accomplir cette œuvre aventureuse, n'eut pas suffisamment d'argent pour arriver jusqu'à l'achèvement, les bâtiments presque terminés demeurèrent sans utilisation.

Il est fâcheux que l'Etat n'ait pas jeté les yeux sur eux pour en faire un établissement hospitalier tels que ceux qui ont déjà été fondés pour la régénération des organismes presque détruits. Nul point ne peut être aussi propice que celui où se trouve Castel-Biarritz pour bien remplir un tel but. Ici, au climat, aux émanations marines apportées par les vents d'ouest qui traversent le golfe en se chargeant des sels, iodures et autres combinaisons naturelles, se joint l'admirable vue qui réjouirait sans cesse les malades quel que soit le côté sur lequel ils porteraient leurs regards.

On aurait donc pu y fonder une colonie d'enfants scrofuleux, anémiques, rachitiques, menacés de phtisie et d'autres maux, que l'air et le régime de ce séjour auraient guéri assurément, parce qu'ils auraient pu respirer à pleins poumons cet air chargé d'émanations marines que la brise d'ouest se charge d'apporter en effleurant toutes les vagues du golfe de Gascogne et de l'Atlantique elle-même. Les malades revifieraient ainsi leur sang qui se corrigerait de toutes ses impuretés. De plus, le régime, les bains de mer, les ébats sur une belle plage, la vie au milieu des senteurs des pins et des algues régénéreraient les organismes en souffrance. Enfin une autre considération fort importante, croyons-nous, c'est qu'à Castel-Biarritz on aurait pu, avec les garçons de douze à-vingt ans, former des équipages, qui auraient armé des bateaux appartenant à la colonie et qui en pêchant l'anchois la sardine, le maquereau, le thon, etc., lui auraient fourni sans doute une source de revenus, peut-être les moyens d'exploiter une fabrique de conserves, mais, à coup sûr, ils auraient formé des jeunes marins qui en quelques années auraient eu leur tempérament complètement refait et qui, faibles et malingres qu'ils étaient, seraient devenus robustes et bien portants par suite de cette vie de travail, et d'exercices salutaires dans ce milieu d'eau de mer et de soleil.

Ce n'est plus à faire, Sa Majesté la reine de Serbie a acquis Castel-Biarritz, pour le transformer en une villa royale.

Un nouveau profil apparaît, c'est la pointe de la Madeleine, il se relève fièrement pour s'abattre par de brusques tranchées d'un jaune roux et prendre ainsi les allures d'un véritable cap, mais il ne s'avance pas assez au sein des flots pour qu'on admette sa prétention. Cependant il fait bien et on ne peut lui refuser un petit air de majesté. Ses découpures, dont l'inférieure est surplombée, se détachent sur les coteaux et les falaises de Guethary aux blanches maisons, qui apparaissent riantes, dispersées çà et là sur les penchants qui regardent le golfe en descendant peu à peu jusque sur ses bords.

Il y a des bains de mer à Guethary, qui sont établis sur la plage inclinée servant de calle aux embarcations de ce petit port. Lorsque le mauvais temps vient, on les hâle assez haut pour que les lames ne puissent y toucher, et là, en sûreté, elles attendent le retour du beau temps.

Les Basques de Guethary ont été eux aussi, dans le temps, de rudes pêcheurs de baleines; récemment encore, ils se sont mis à la poursuite d'un de ces Cétacés qui s'était approché tout près de terre, et ils ont réussi à le capturer ; c'était le 2 juin 1875 (fig. 12).

Quelle belle occasion pour un amateur de sport, si le hasard en avait amené un à Guethary ce jour-là!

Dans le sud de la plage dont il vient d'être question, se trouve un banc de petites pointes de

FIG. 12. — Les pêcheurs de Guethary poursuivant une baleine.

roche qui se découvre à mer basse, très favorable aux bonnes explorations. Il s'étend assez loin au large, le jusant y descend lentement, et on peut, avant que le flot ne soit venu s'opposer aux recherches, passer au moins trois bonnes heures à fouiller tous les trous, à renverser les pierres, à soulever les algues qui vous ménagent toujours de bonnes surprises.

Les crêtes inférieures dont il vient d'être question sont surmontées d'une succession de collines, dont les croupes en s'étageant atteignent les versants de la Rhune. Celle-ci domine l'ensemble de sa masse, qui semble imposante si on la compare aux ondulations sur lesquelles sa base semble s'appuyer.

En continuant son investigation vers la droite, l'œil découvre, à la suite de quelques pointes à peine exprimées (fig. 13), celle de Sainte-Barbe que surmonte un vieux fort, et au-dedans de laquelle s'ouvre la baie de Saint-Jean-de-Luz, dont on a voulu faire une rade d'abri en la fermant en partie par une jetée appuyée sur l'Arta, rocher qui émergeait vers le milieu de son ouverture. De l'autre côté, c'est le Socoa ou du moins les roches du Socoa qui ferment la baie; un fort s'y trouve placé, et une des tours du vieil ouvrage de défense sert de sémaphore.

On dirait que les falaises, les plis de terrains et les coteaux qui s'étagent au delà, quoiqu'il n'en soit rien, parviennent, en s'échelonnant, jusqu'au mont Haya, appelé communément la *Couronnée* et qui justifie bien ce nom en paraissant, du moins, du point où nous nous trouvons, c'est-à-dire de la côte des Basques, comme un diadème posé au-dessus de Saint-Jean-de-Luz.

A partir du Socoa, les falaises perdent de leur élévation ; elles apparaissent souvent rayées de plis obliques ombrés sur un fond blanchâtre, fort brillantes parfois, lorsque le soleil les frappe. Elles arrivent ainsi jusqu'au château d'Abbadia, domaine de l'éminent membre de l'Institut, M. A. d'Abbadie, voyageur, astronome, topographe, dont le mérite est bien connu.

A peu de distance de l'édifice qui est une merveille et qui apparaît comme un point blanc, la côte se trouve interrompue par l'embouchure de la Bidassoa ; cette rivière sépare les terres de France de celles d'Espagne.

C'est sur le versant de la pointe qui termine le littoral français, opposé à celui que l'on voit au delà, que se trouve bâtie Hendaye. A quelques brasses au large de cette pointe, on aperçoit deux roches qui s'élèvent isolées au-dessus des eaux : on les nomme les Deux-Frères. La plage d'Hendaye est une bonne station de recherches, et sur les bords de la Bidassoa, en amont du pont du chemin de fer, on peut ramasser un intéressant mollusque, l'*Auricula* ou *Alexia ciliata,* qui y vit moitié dans l'eau moitié à sec, rampant sur les terres humides.

En levant les yeux, on retrouve les pentes du mont Jaïzguibel dont nous avons déjà parlé, ainsi que la suite des terres dont la direction a subitement changé, faisant un angle presque droit avec

FIG. 13. — 1, Falaise de Beaurivage. — 2, La Rhune. — 3, Villa Mar[illegible] 4, Mousclariette. — 5, Gourepa. — 6, Faille de Cazeville, Castel-Biarritz. — 7, Bidart. — 8, Guethary. — 9, Pointe Sainte-Barbe. — 10, Ar[illegible] de Saint-Jean-de-Luz. — 11, Le Socoa. — 12, Mont Haya (La Couronnée). La pêche de la sardine et de l'anchois.

celles des Basses-Pyrénées, pour se mettre à courir vers l'ouest. Au flanc du mont, une tache blanche se laisse parfois apercevoir : c'est l'église de Nostra Señora de Guadalupe.

Entre les basses ondulations de la montagne et celles de Saint-Martial, se trouve la petite ville

d'Irun qui est à l'Espagne ce que Behobie, sa voisine, est à la France, passage de frontière.

Dans les intervalles qui séparent ces trois sommets saillants, la Rhune, le mont Haya et le Jaïzguibel, s'intercalent les montagnes qui continuent les Pyrénées en Espagne, mais au loin, et devenues bleues presque comme le ciel, par suite des distances.

Parmi les mouvements de terrains qui, partant de leurs pieds, descendent jusqu'à la mer, se trouvent quelques intéressantes localités curieuses à visiter, en raison des sites qu'elles présentent. Sare et ses remarquables grottes, ses Palomières si animées à l'époque du passage des Palombes, Urugne, Olhete, Ascain, Saint-Pé-sur-Nivelle, rivière qui se jette dans la baie de Saint-Jean-de-Luz, Ahetze, Arbonne, Arcangues, tous peuvent servir de but à de charmantes excursions dans le pays Basque.

Par un beau temps, une promenade en mer poussée un peu au large permet d'envisager d'un seul coup d'œil tout le panorama que nous avons essayé de faire entrevoir par parties. Une lacune dans son ensemble existait cependant. Elle disparaîtra lorsque du large on pourra réunir les lignes de faîtes apparaisant au-dessus de l'Adour à celles de la Rhune. Les plans divers qui se montreront laisseront reconnaître au milieu d'eux les blanches flèches de la cathédrale de Bayonne, le groupe de maisons de la Chambre d'Amour, Biarritz, Bidart, Guethary, Saint-Jean-de-Luz, Hendaye, Fontarabie jusqu'au cap Figuier. Par-dessus ces agglomérations apparaîtront les nombreuses habitations dispersées sur les coteaux dominés par l'Oursouïa qui couronne Cambo, à sa suite l'Hartza signalant le gisement d'Itsatsou, le Mondarrain au pied duquel se trouve Espelette, la Peña de Plata, Ibantelly, se reliant à la Rhune.

CHAPITRE II

LES ALGUES

Revenons aux pêches que l'on peut exécuter sur le littoral ou à quelque distance en mer, si l'on veut, en s'embarquant sur un canot de pêcheur. Elles peuvent être très différentes les unes des autres, susceptibles de répondre aux exigences de bien des goûts, de satisfaire bien des caprices.

Aux uns, les Algues suffiront; avec ces plantes dont les espèces sont nombreuses, on peut composer des albums intéressants pour le savant et, de plus, réjouissant l'œil du simple curieux.

On rencontrera ces plantes attachées par leurs pieds sur les pierres, les rochers qu'elles tapissent et aussi enlevées par la tempête aux lieux où elles habitaient pour venir s'amasser sur les plages.

Mais les plus belles et les plus intéressantes devront être draguées sur les plateaux de roches cachés sous l'eau et situés à quelque distance de la côte. Les points où ils se trouvent se reconnaissent parfaitement, lorsque la mer est grosse, aux battures qui leur sont dues.

Pour ce genre de dragage, un instrument spécial est nécessaire, il se composera d'un petit grappin ou chatte (fig. 14), un peu long et lesté en C d'une armature de plomb, avec 40 ou 50 mètres d'un petit cordage qu'on amarrera sur l'organneau en A, l'engin sera traîné sur le fond où il accrochera avec les dents B et arrachera les algues qui y croissent, en le relevant, on ramènera souvent de gros paquets de plus d'une espèce.

Fig. 14. Grappin.

Nous recommandons surtout comme champ de dragage le plateau que l'on nomme la *Placette*, *Placeta*, et qui est situé dans le nord-ouest de Guethary. Sur ce point, le chercheur qui s'y rendra se procurera une espèce d'autant plus intéressante que jusqu'à présent elle n'a été rencontrée sur aucun rivage le *Fucus natans*.

Cependant elle est prodigieusement abondante dans cette partie de l'Atlantique que l'on nomme la *mer des Sargasses ;* en ces parages, cette algue couvre une étendue de mer très considérable. D'où viennent les innombrables pieds de *Fucus natans* ou *Sargassum bacciferum*, qui se trouvent en ces lieux ? On n'en sait rien encore. Elles proviennent assurément de quelques rivages du vaste Océan, car ce n'est point sur les fonds situés à 3, 4, 5 et 6000 mètres de profondeur comme ceux de ces parages qu'elles naissent; ce sont les courants sans doute qui les amènent, et les remous qui les maintiennent sur la même surface. Elles y végètent, mais ne s'y reproduisent pas; le fait a été

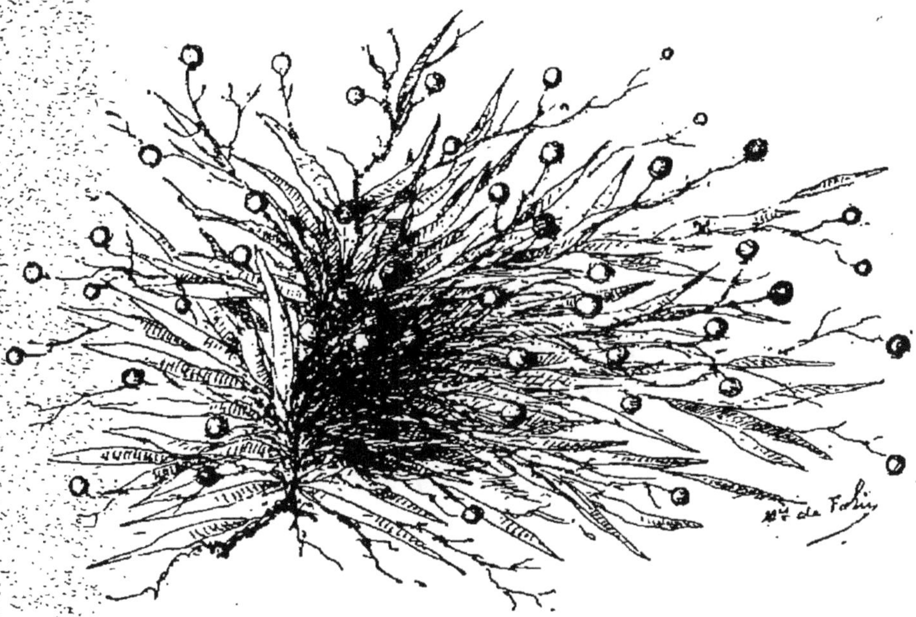

FIG. 15. — *Fucus natans* ou *Sargassum bacciferum.*

constaté par les observations faites à bord du *Talisman*[1].

C'est en 1890 que nous avons découvert que le *Fucus natans* se trouvait sur la Placette. Nous avons signalé le fait à l'Association française.

Des algues non moins intéressantes et qui se

[1] Folin, *Sous les mers, Campagnes d'exploration du « Travailleur » et du « Talisman »*. Paris, 1887.

trouveront sur les mêmes roches et sur celles du Moulin sont les Corallines qui se revêtent d'une couche de calcaire lequel les rend d'une blancheur éclatante de même que celles qui non seulement se recouvrent ainsi, mais qui sont de véritables générateurs d'une solide concrétion calcaire, au dedans de laquelle on retrouve la plante productrice. Ainsi donc, ayez soin de ne pas rejeter comme étant de nulle valeur les pierres blanches que la drague ou les pièges à Langoustes contiendraient. Il est nécessaire de les examiner, de les traiter par l'acide et leur décomposition vous dévoilera le secret de leur formation, car ce n'est pas seulement les algues qui engendrent des calcaires concrétés, mais encore des organismes, de véritables organismes, ainsi que nous le dirons plus loin.

Les *Diatomées* (fig. 16) sont des algues microscopiques unicellulaires, formant une famille bien caractérisée au dernier échelon du règne végétal, nous dit M. Paul Petit, le savant spécialiste que nous avons consulté sur ces corpuscules[1]. Il ajoute : l'unique cellule qui constitue une Diatomacée a reçu le nom de *frustule*. Elle est en tout semblable pour la constitution aux cellules ordinaires, elle comprend un nucléus, un nucléole, un protoplasma finement granuleux, un liquide hyalin intracellulaire, un endochrome ou chromatophore

[1] Voyez J. Pelletan et Paul Petit, *Les Diatomées*. Paris, 1891.

et quelques globules (huileux) très réfringents; l'acide osmique noircit ces globules.

Ces petites algues se distinguent de toutes les autres par leur enveloppe imprégnée de silice pure ou d'acide silicique. Elle est formée de deux pièces ou valves qui s'emboîtent à frottement comme

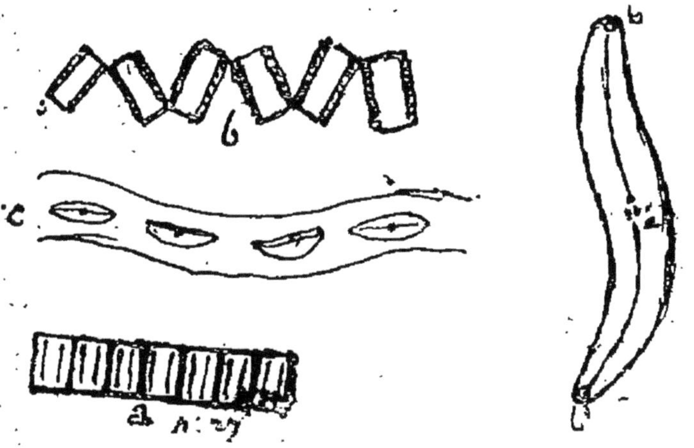

Fig. 16. — Diatomées : *a*, Nucléus. — *b*, Chromatophores. *c*, Protoplasma. — *dd*, Valves.

une boîte et son couvercle au moyen de deux anneaux qui forment les bords et qui ont reçu le nom de *zones*. Les valves et les zones sont sécrétées par la membrane cellulaire de l'utricule primordial. Après leur formation, les valves ne sont pas susceptibles d'accroissement.

Suivant les genres et les espèces, les valves peuvent être circulaires, elliptiques, ovoïdes, carrées, quadrangulaires, triangulaires, polygonales, régulières ou irrégulières, linéaires, cunéiformes, lunulées ou naviculées. Elles sont parfois munies d'appendices, poils, dents, cornes, etc. Leur surface est ornée de stries très fines et très serrées, de côtes, de ponctuations, d'alvéoles. Tous ces ornements affectent des dispositions régulières ou symétriques.

En résumé, les valves de Diatomées sont toujours très dignes de fixer l'attention; quelquefois elles se présentent avec une élégance et des détails si remarquables qu'elles peuvent sous le microscope servir à récréer l'œil et l'esprit, à le charmer pendant des heures entières par l'observation des merveilleuses ornementations qui décorent leurs surfaces.

Sur certaines espèces cette surface est traversée dans la longueur par une ligne médiane, appellée *raphé*, elle est ordinairement munie d'un nodule central, A (fig. 17), et de deux nodules terminaux, B, B'. Elle est poreuse, afin que la nutrition puisse s'opérer par les pores.

En certaines genres, il se développe entre les deux valves des frustules et parallèlement à celles-là un certain nombre de diaphragmes perforés qui traversent toute la cellule; chez quelques espèces, ces diaphragmes ne traversent pas complètement la cellule; ils alternent alors entre eux, on leur donne le nom de *pseudodiaphragmes*.

Les *Chromatophores* ou *Endochromes* ont une teinte qui varie du jaune clair au brun foncé, ils remplissent les mêmes fonctions que la chlorophylle dans les plantes supérieures. Leur coloration est due à la *Diatomine* qui est un composé de phycoxanthine et de chlorophylle dans des proportions variables, ce qui explique les variations de teinte suivant les espèces [1].

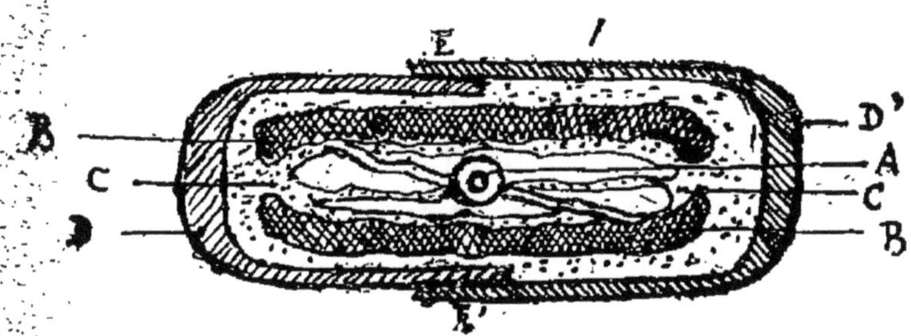

FIG. 17. — Valves de diatomées.

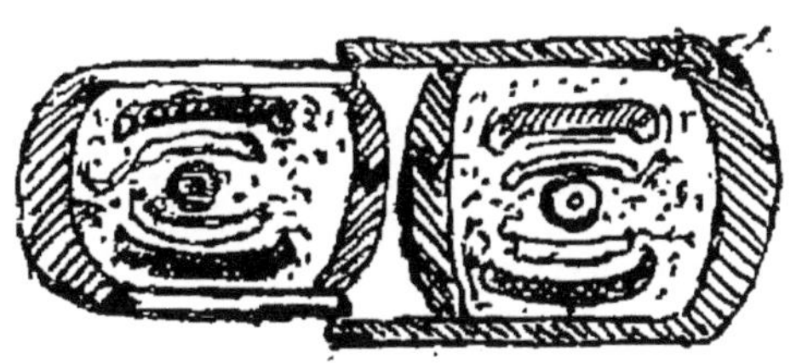

FIG. 18. — Valves de Diatomées.

Les chromatophores se présentent sous deux formes : en lames au nombre d'une ou de deux dans une frustule, ou en granules dont la forme et le nombre varient.

La multiplication des Diatomées s'accomplit comme dans toutes les cellules végétales. Dès que

[1] Paul Petit, *De l'endochrome des Diatomées* (*Brebissonia*, 1880.)

le noyau s'est divisé, le protoplasme s'accroît et force les valves à s'écarter jusqu'à ce que les zones glissant l'une sur l'autre n'aient plus entre elles qu'un très faible contact. On voit alors se développer une cloison formée de deux parties appliquées l'une sur l'autre; chacune de ces parties est une valve nouvelle. Sur la figure 18, *v*,*v*, sont les valves nouvelles. Elles ferment les anciennes en dedans de la zone et formeront un frustule avec ces dernières, dès que les zones se seront développées sur leurs bords. Les deux nouvelles Diatomées ainsi formées n'ont pas la même dimension, puisqu'elles se sont constituées dans deux valves inégales et qu'elles ne sont pas susceptibles de s'accroître en volume. Par suite de leur multiplication, les Diatomées diminuent donc, mais il existe une limite à cette décroissance.

Dès que la frustule est arrivée à la moitié de son volume ordinaire il se produit un rajeunissement de la cellule et il se forme une *Auxospore* qui reproduit une Diatomée dans sa plus grande dimension. On ne connaît pas de reproduction par spore ou par germe.

Certaines Diatomées sont douées de mouvements assez vifs, dont la cause est encore inconnue. Les uns les attribuent au courant d'endosmose et d'exosmose, d'autres à la contractabilité d'une membrane très mince qui extérieurement enveloppe la Diatomée.

On rencontre des Diatomées partout où il y a

de l'humidité, dans les eaux douces, dans la mer, quelques espèces dites pélagiennes ne se trouvent qu'à la surface de celle-ci. Elles vivent tantôt solitaires, tantôt réunies sous forme de ruban, tantôt en zigzag, ou bien dans un tube gélatineux. Elles adhèrent aussi parfois aux plantes aquatiques, soit par l'une de leurs valves, soit au moyen d'un coussinet gélatineux ou de longs pédicelles souvent dichotomes. Bien que ces petites algues se fixent sur les plantes ou sur les coquillages, jamais cette adhérence ne dégénère en parasitisme.

Il existe des gisements de Diatomées fossiles, les plus anciens connus appartiennent au pliocène. Elles sont utilisées dans le commerce comme tripoli.

Bien que microscopiques, les Diatomées se voient à l'œil nu, alors qu'elles forment sur les pierres ou sur les bois humides, dans tous les cours d'eau, un enduit brun que l'on peut facilement distinguer. Les plantes aquatiques en sont souvent recouvertes. A la mer, dans les endroits vaseux, elles s'amassent en une couche plus ou moins brune qui apparaît à la surface, dès que la marée a laissé celle-ci à sec.

M. Paul Petit, dont l'autorité lorsqu'il s'agit des Diatomées est incontestable et à qui nous devons une bonne partie de ce que nous en disons ici, nous indique la pointe Sainte-Barbe à Saint-Jean-de-Luz, comme une station où il a fait de belles récoltes d'*Amphora* et de *Navicula* sur les Spongiaires qui vivent dans les anfractuosités des rochers.

Pour récolter les diatomées, on passe un pinceau sur la surface recouverte de la couche brunâtre, et on le lave dans un peu d'eau, ou bien on gratte les rochers avec une petite brosse; on agite les coquilles couvertes de diatomées dans un peu d'eau, on lave ainsi les algues ou plantes immédiatement ou chez soi.

Les produits de ces opérations doivent subir encore quelques préparations assez délicates et que M. Paul Petit résume ainsi :

Faire chauffer les dépôts provenant des lavages et nettoyages, avec de l'acide nitrique auquel on ajoute avec précaution un peu de chlorate de potasse, on laisse agir le chlore naissant pendant quelques heures et on projette le tout dans un vase rempli d'eau distillée ou d'eau de pluie filtrée. On décante à plusieurs reprises l'eau qui surnage. On verse ensuite de l'ammoniaque liquide et on laisse seulement une heure en contact. Il faut employer une faible dose d'ammoniaque pour ne pas dissoudre l'acide silicique pur des valves. On lave encore plusieurs fois et l'opération est terminée.

Il ne reste plus qu'à monter le dépôt dans le baume de Canada. Pour cela on prend une goutte de liquide que l'on fait sécher sur une lamelle de verre puis on chauffe cette lamelle et on la laisse refroidir; on met une goutte de baume du Canada ou de gomme de Damar dans le chloroforme, de manière à obtenir une solution très étendue que l'on dispose sur une lame de verre; on applique la lamelle par-dessus et on chauffe pour fixer, ainsi que cela se fait pour toutes les préparations microscopiques.

Si l'on veut préparer des spécimens isolés, on les maniera avec un pinceau très fin ou avec un poil seul fixé sur une hampe en bois au moyen de cire à cacheter.

CHAPITRE III

LES CHAMPIGNONS

Les Champignons, cette classe de végétaux abondante partout l'est particulièrement dans les bois de la région, où on rencontre l'espèce comestible que les gourmets apprécient tant : le *Cèpe*. Tous les matins les Basquaises en apportent des charges, sur les marchés de Bayonne et de Biarritz.

En 1872, me trouvant derrière l'usine à gaz de Bayonne, en chasse d'un mollusque rare, je rencontrai sur un agglomérat arénacé, au milieu d'un fourré de coudriers et de ronces, un cryptogame qui attira mon attention. Je l'envoyai à mon ami, L. Périer, qui, à la suite de nombreuses recherches, reconnut que la plante appartenait à une espèce nouvelle, une *Mixogastrée* du genre *Physarum*, qu'il a appelée *Physarum Lafittei*. Cette plante dont quelques parties sont brillamment colorées est fort petite.

CHAPITRE IV

LES FLEURS

Ayant commencé à parler du règne végétal, nous nous trouvons forcés d'abandonner pour un temps la mer, ses roches et ses rivages pour dire quelques mots des plantes terrestres qui vivent aux alentours de notre quartier général. Nous conduirons à cet effet le lecteur dans quelques-uns des beaux sites qui se trouvent sur les versants des montagnes qui sont nos voisines et qui, si elles s'élèvent moins haut que les pics des Hautes-Pyrénées, n'en présentent pas moins à l'excursionniste des paysages qu'il contemplera souvent avec ravissement.

Écartons-nous des botanistes tant qu'ils ne sauront pas conserver aux fleurs, qui font l'ornement de toute la nature avec un luxe merveilleux, leurs couleurs et leurs parfums. Éloignons de notre esprit la pensée de ramasser ces bijoux naturels pour en faire des momies desséchées, chez lesquelles la science seule peut trouver sinon du charme, au moins quelque profit.

A leur aspect nous pensons que la jeune fille ne voudra pas en approcher, qu'elle aimera mieux en courant dans une prairie dérober aux plantes ce qu'elles ont de plus beau, et qu'elle sera charmée si elle peut en emporter des brassées, pour s'en parer et en orner sa maison. Elles périront certainement ces pauvres fleurs ainsi arrachées au sein qui les nourrit, mais elles auront eu leur moment de gloire, elles auront été admirées tant qu'on aura pu les contempler, tant qu'elles ne se seront pas flétries, et après, oh ! après on s'en souviendra encore.

Si nous ne voulons pas faire sécher les fleurs, nous désirons cependant qu'on les recherche, qu'on s'en pare et qu'on en fasse de gros bouquets qui serviront à assainir l'esprit d'abord, puis à lui faire songer à cette puissance infinie de Dieu qui a créé tant de si belles choses. Il y a en effet de quoi bien jouir par les fleurs de ce pays-ci.

Au printemps et même avant, on voit arriver au marché de Biarritz des masses d'une belle anémone rouge, éclatante de ton et de fraîcheur, elles sont cueillies dans quelques sites qu'elles préfèrent, plus ou moins disséminés sur notre territoire. On les prise tellement qu'on en expédie chaque jour de grandes quantités en Angleterre, on cherche même à les y acclimater, mais c'est sans succès, il leur faut le sol et le climat de leur habitat naturel.

A peu près à la même époque, de beaux narcisses de deux ou trois variétés font leur apparition sur les coteaux voisins de la ville aussi bien que sur ceux qui s'en éloignent. Ce sont de charmantes promenades que celles que l'on fait à la recherche de ces fleurs, les jeunes Anglaises surtout s'y montrent très ardentes et elles rentrent en ville les mains pleines, étalant entre leurs bras le jaune d'une nuance pâle de leurs énormes bouquets. C'est à qui en rapportera le plus et une partie du butin s'en ira également en Angleterre. Il paraît que le narcisse y jouit d'une grande faveur. Nous avons vu à Biarritz un horticulteur de Londres très estimé, M. P. Barr, qui parcourait le littoral du golfe de Gascogne pour y recueillir toutes les variétés de cette plante qui pouvaient s'y trouver. Nous l'avons même conduit sur plusieurs points, où il a pu donner satisfaction à ses désirs, nous déclarant que presque tout ce qu'il trouvait appartenait à de très intéressantes variétés.

A la même époque, les primevères abondent et on en fait également d'amples moissons pour la même destination.

Presque sur les mêmes lieux, comme plante superbe, digne de concourir à l'ornementation, on rencontre cette fougère presque tropicale par son port arborescent, l'*Osmonda regalia,* qui atteint jusqu'à 5 mètres de hauteur. Nous en avons mesuré de cette taille sur les bords du Laxia et au lac d'Irieu. Ayant fait une partie de pêche sur ce lac avec l'état-major de l'*Oriflamme* et du *Lively*, un lieutenant de cet aviso fut si fort émerveillé de la splendeur des Osmondas et les vit si facilement croître en ces lieux, qu'il en arracha des paquets qu'il expédia en Angleterre.

Aux environs de Biarritz, le myosotis est fort beau ; on le trouve comme ailleurs au bord des eaux.

Dans les prairies, de belles orchidées; de loin en loin, de charmantes fleurs de véronique, des crocus en abondance ; le long des chemins, des coquelicots, des bluets, des cistes, des violettes, des pervenches croissant et fleurissant sous les aubépines et les épais chèvrefeuilles qui parfument l'air autour d'eux, tout cela se mêlant aux ronces, aux églantiers, aux ajoncs; et sur la lande celui-ci mêlé au genêt laisse percer de temps en temps les longues tiges d'asphodèles, sortant des gazons où croissent aussi les centaurées et les liserons.

Dans quelques bois, des fraisiers, et ce sont assurément ceux qui donnent les fruits les plus parfumés et les plus savoureux, mais les pieds en sont rares, ce n'est pas comme dans les bois de sapin des Vosges. En revanche, sous les pins, des milliers et encore des milliers d'un joli petit œillet qui embaume l'air et l'imprègne d'une senteur capiteuse mais si agréable qu'on n'éprouve que plaisir à la sentir.

Dans les lacs, les nénuphars aux belles fleurs d'un blanc si pur, aux fruits tricornus.

Un point en particulier de la région doit être cite et de plus signalé comme un but d'excursion assurément fort intéressante et d'autant plus attrayante que c'est en hiver qu'il faut la faire. Ce lieu se nomme le *Jardin d'Enfer*, parce qu'il est bien abrité, que l'on n'y ressent jamais le froid et que la température s'y maintient toujours à peu près la même.

Pour s'y rendre, il faut suivre le chemin que, dit-on, Rolland fit prendre à son armée, il longe la Nive dans une gorge étroite. Sur une rive, s'élèvent presqu'à pic les roches qui descendent des derniers contreforts de l'Oursouïa ; elles baignent leurs pieds dans les eaux tourbillonnantes de la rivière.

De l'autre bord, presque verticalement aussi, descend la pente orientale de Mondarrain, au pied de laquelle un sentier a pu être ménagé. C'est dans ce passage que le preux engagea sa troupe, mais arrivé à un certain endroit, une roche à pic barrait le passage. Selon la tradition, Rolland, d'un coup de pied, ouvrit dans le roc une arcade naturelle à travers laquelle lui et tous les siens passèrent et qui fut nommée *Pas de Rolland*.

Ce point franchi, on passe le Laxia sur un pont qui était, il y quelques années, un petit bijou de pittoresque, mais qu'un ingénieur des ponts et chaussées, avec le talent qui caractérise beaucoup d'entre eux, a su métamorphoser en le plus vulgaire des édifices, de même qu'il a su *abîmer* le *Pas de Rolland*...... Que Dieu le lui pardonne !...

Une fois le ruisseau franchi, il faudra monter les premières pentes de l'Hartza et se diriger vers le sud : le chemin est assez beau ; seulement il y a à gravir quelques pentes légèrement raides. On peut également suivre la vallée du Laxia riante et pittoresque et ne gravir l'Hartza que lorsqu'on arrive au chemin qui conduit au Jardin d'Enfer, une montée d'un peu plus de 300 mètres de longueur, car le susdit jardin se trouve sur un plateau abrité presque de partout.

En ce lieu l'herbe est magnifique, émaillée de milliers de fleurs toujours épanouies, car la floraison y est perpétuelle, on est toujours assuré de pouvoir en rapporter de beaux bouquets, et, parmi les plantes qui vivent là, il y en a de fort remarquables, quelques-unes sont même fort rares. Parmi elles, comme spéciales à la localité, nous citerons et on pourra les trouver en laissant la corniche à droite : *Lilium martagon*, *Anthylis*, *Vulneraria*. — Au bord d'un ruisseau qui sort du bas des roches en saillies, *Soldanella montana*, deux espèces de *Veratrum*, *Lychnis pyrenaïca*, *Heracleum pyrenaïcum* et le magnifique *Thalictrum aquilegi folium*.

Pour cette visite au Jardin d'Enfer, il faudra de Biarritz se rendre à Itsatsou et ne pas manquer de s'arrêter en passant pour voir son église qui possède quelques précieux vases sacrés et un riche ostensoir qui lui furent donnés par un habitant du village. Il fit le vœu de les offrir à son église, pendant une tempête qu'essuya à son retour d'Amérique le navire où il se trouvait, et qui le mit en grand péril. Le cimetière est également à voir, les tombes basques sur lesquelles s'élèvent des cipes surmontés de boules ou disques rappellent beaucoup celles des cimetières musulmans de Constantinople et de Smyrne.

CHAPITRE V

LES INFUSOIRES ET LA LUMIÈRE ANIMALE

Revenons aux eaux de la mer et en elles, aussi bien que dans les eaux douces, nous aurons à rechercher une multitude de petits organismes répandus dans les masses liquides qu'ils illuminent en quelque sorte pendant certains moments, alors qu'ils deviennent ce que l'on appelle *phosphorescents*.

Peut-être ce phénomène est-il dû à une autre cause qu'à la présence du phosphore en eux. Peut-être est-ce à un développement d'électricité dont ils seraient susceptibles qu'il faut l'attribuer, et ce qui pourrait porter à le faire croire, c'est cette observation que les circonstances et les particularités qui accompagnent sa production semblent concorder comme cause de l'effet. Ainsi c'est toujours par suite de frottements qu'il se produit. Si les lames se heurtent, les lueurs apparaissent et leur intensité augmente si le froissement des ondes s'accentue.

Un poisson s'élance-t-il, la vitesse qu'il déploie divise la masse d'eau dans laquelle il se meut et le frottement qui en résulte donne lieu à une traînée lumineuse qui signale son sillage.

La même chose a lieu par suite du passage d'un navire, dont la carène, en écartant les masses d'eau qui l'entourent, les soumet à des frottements violents et continus, aussi paraissent-elles toutes en feu jusqu'à une certaine profondeur et sur une assez large nappe tout autour du bâtiment, les efforts qu'il fait pour s'ouvrir un passage refoulant de chaque bord en la rejetant au large de lui toute l'eau qu'il rencontre, l'épanchant en même temps en volutes violemment remuées et dont l'effet est grandiose.

Beaucoup moindre, mais tout aussi significatif lorsqu'il s'agit du choc des avirons d'une embarcation mis en jeu pour faire marcher celle-ci, non seulement c'est sa carène qui trace en ligne un sillage fulgurant, mais chaque coup de rame fait naître autour d'elle une tache non moins brillante. Nous pourrions citer un grand nombre d'autres observations qui peuvent également être faites sur ce sujet; elles concordent toutes pour arriver à cette conclusion que le frottement est la cause efficiente de la production de cette lumière. Est-ce une irritation résultant de cette cause et qui, portant surtout sur les organes producteurs du phénomène, les excite et provoque son développement. Et dans ce cas, il nous semble que le phosphore ne pourrait être admis comme cet agent de mise en jeu. Puisque, lorsqu'il revêt son état lumineux, il demeure tel sans rien perdre de l'intensité des lueurs qu'il répand, il serait donc difficile de comprendre que le calme de l'organisme lui fasse perdre sa propriété. Cependant il peut se faire que cette excitation ou irritation du système organique agissant sur un appareil spécial y donne lieu à la production ou à la mise en valeur d'une substance dont les propriétés seraient analogues à celles du phosphore et dont les effets cesseraient en même temps que la cause irritante.

Pour le phosphore, si c'était lui qui se trouvait en jeu il faudrait donc le condamner à d'incessantes disparitions par élimination nécessitant des reproductions tout aussi fréquentes. Y a-t-il en ceci quelque probabilité?

Nous remarquerons aussi que la vigueur des lueurs répandues par certains animaux, aussi bien que l'éclat des recrudescences en certains moments, ressemble à des éclairs; enfin que les tons variés de la lumière répandue paraissent provenir d'une source tout autre que d'une faculté phosphorescente.

Nous avons vu à bord du *Travailleur* des corallines, des Isis (polype coralliaire) d'un diamètre de 2 ou 3 millimètres seulement qui ont été draguées en 1880 dans le golfe de Gascogne, et qui, quoique hors de l'eau, projetaient des gerbes de feu dont la lumière permettait de lire comme en plein jour les petits caractères d'un journal espagnol, à une distance d'au moins 6 mètres[1]; il nous est impossible, toutes les fois que nous nous rappellons ce fait, de ne pas sentir se renouveler cette conviction que jamais le phosphore n'aurait été en état de produire des éclats aussi vifs et de se raviver avec autant de vigueur en la situation où se trouvait l'organisme; nous eûmes au contraire instantanément l'idée, en présence du merveilleux phénomène, qu'on pouvait aisément l'expliquer en l'attribuant à l'électricité.

On voit que la faculté de produire de la lumière n'est pas exclusivement départie aux petits animalcules dont la présence dans les eaux de mer les illumine par moments.

Elle appartient aussi à beaucoup d'autres animaux, d'abord à des poissons d'assez grande taille, au *Stomias boa* (fig. 19), qui porte tout le long de son corps deux rangées d'organes lumineux, au *Malacosteus niger* (fig. 20), pourvu en dessous de chaque œil d'une espèce de lanterne, qui éclaire sa marche et ses évolutions et à bien d'autres encore; à un grand nombre de crustacés, parmi lesquels il en est dont les yeux font l'effet de fanaux.

[1] Folin, *Sous les mers, Campagnes d'exploration du « Travailleur » et du « Talisman »*, Paris, 1887.

Enfin elle a été constatée chez beaucoup d'autres êtres, surtout parmi ceux qui habitent les abîmes de la mer.

Quel merveilleux spectacle ils présenteraient, si l'œil pouvait y pénétrer, mais s'il ne le peut il est cependant permis, en se basant sur ce qui a été retiré des profondeurs de l'Océan, grâce aux campagnes d'exploration, de s'en faire une certaine idée.

Les Polypiers stationnaires, dont nous avons pu expérimenter la valeur lumineuse qui ne semble pas leur être personnellement utile, paraissent au contraire destinés à rendre d'éminents services à toutes les vies dispersées autour d'eux. Ce sont des lampadaires, des phares qui répandent le jour dans les profondeurs que les rayons du soleil ne peuvent atteindre. Ils ont été doués de cette propriété, et placés en ces lieux profonds par Dieu, parce qu'il n'a pas voulu que les immenses espaces appartenant aux abîmes fussent d'inutiles solitudes; en les peuplant, il a fait le nécessaire pour que leurs habitants ne soient pas des déshérités; il a voulu que leurs populations n'aient pas à envier à celles des zones peu profondes les clartés qui les font vivre; il a voulu qu'elles jouissent à peu près des mêmes avantages et que leur existence ait aussi ses charmes. A une explication aussi simple d'un fait aussi merveilleux peut-on en opposer quelqu'autre qui reposerait sur ce que l'on a nommé *la puissance de la matière?* Il faudrait alors lui reconnaître les mêmes intentions, lui attribuer les mêmes buts à remplir et conséquem-

Fig. 19. — *Stomias boa*, portant deux rangées latérales de plaques lumineuses.

Fig. 20. — *Malacosteus niger*.

ment lui supposer, indépendamment de ses forces mécaniques dont on étend infiniment la portée, d'autres forces encore, c'est-à-dire des facultés psychiques. Mais alors quelle en serait la source? et quelle que soit celle qu'on désignera, elle ne sera qu'un équivalent de la puissance divine, ce serait donc elle, la puissance divine elle-même à laquelle on donnerait un autre nom.

Ainsi, il est parfaitement prouvé que les Polypes jouissent de la propriété de répandre une très vive lumière autour d'eux ; mais est-elle destinée à leur rendre quelques services? leur est-elle directement utile? On pourrait croire que non, puisqu'étant sédentaires ils n'en ont aucun besoin au point de vue de la locomotion. Si elle devait avoir quelque influence qui leur fût avantageuse, ce pourrait être comme moyen d'attraction, afin de faire venir les proies à leur portée, mais alors pourquoi autant d'éclat dans les lueurs colorées qu'ils projettent et que nous avons admirées? pourquoi cette intensité surprenante dans les rayons qu'ils font jaillir? d'aussi fastueuses illuminations ne seraient pas nécessaires à l'individu tout seul!

Remarquons que le siège de cette faculté réside en la mince couche de sarcosome, épaisse seulement d'un ou deux dixièmes de millimètre qui recouvre l'axe demi-calcaire, demi-corné chez les Isis que nous avons observées. A nos yeux, cette vigueur photogénique relativement immense par rapport à l'exiguité du producteur doit avoir un but plus élevé que celui d'une ressource pour se procurer des aliments, qui du reste pourraient lui arriver tout aussi bien sous de faibles lueurs. Ce but ne paraît-il pas se dévoiler en raison de la splendeur qui le montre propre à accomplir cette providentielle mission, l'éclairage du monde abyssal.

Dans ce cas, il ne peut être question de considérer cette propriété comme étant une conséquence d'adaptation ; pourquoi en effet l'animal serait-il devenu lumineux, s'il ne s'agit que d'en éclairer d'autres? Cependant si nous admettons que c'est seulement pour lui qu'il brille ainsi, il est bien difficile, pour ne pas dire impossible, d'expliquer comment il a pu parvenir à ce degré de perfectionnement, les forces mécaniques ou chimiques de la matière étant les seuls agents de ses progrès. Qu'un être quelconque, à la suite d'un événement indépendant de lui-même, se trouve transporté dans un milieu différent de celui pour lequel il a été fait, s'acclimate sous certaines conditions et se modifie pour vivre normalement dans sa nouvelle situation, sa descendance poursuivant les transformations imposées par le régime extérieur acquerra des propriétés physiologiques qui la mettront en accord parfait avec ce régime et qui pourvoiront à toutes ses exigences. On comprend d'autant plus facilement ceci que ces changements dans l'état primitif sont des conséquences des lois de progrès qui tendent à l'harmonie, telle que Dieu a voulu la faire régner sur tout l'univers, pour marquer d'un même sceau irrécusable chacune de ses œuvres. Mais pour qu'un organisme, qui s'est trouvé tout à coup plongé dans les ténèbres des abîmes, ait pu y devenir lumineux, il faut, ce nous semble, autre chose qu'une tendance à l'adaptation. On pourrait comprendre cette nouvelle faculté, naissant du sentiment qu'elle est devenue nécessaire, mais les Isis ne montrent d'autre instinct que celui qui leur fait reconnaître l'approche de leur proie et distinguer le moment où ils doivent, avant de la saisir, la stupéfier ou l'empoisonner, à l'aide du liquide qu'ils projettent sur elle. Il n'y a donc pas lieu de croire que ces organismes aient pu se rendre compte qu'ils devaient se transformer et faire subir à leur organisation une révolution assez radicale pour qu'en leur essence ils devinssent lumineux. Est-ce la force chimique de la matière qui a fait sentir à l'organisme quels éléments il devait s'approprier, pour devenir photogénique et qui les lui a fait connaître? alors cette force chimique a tout l'air d'une puissance intellectuelle, puisqu'elle a su à quels agents il fallait avoir recours pour acquérir cette propriété et non une autre, puisqu'elle a pu guider l'animal dans le choix qu'il devait faire, sans même qu'il en ait la conscience. S'il en est ainsi nous demanderons de nouveau, qui inspire cette force chimique, qui lui communique les facultés intelligentes nécessaires pour la guider et la diriger, pour poursuivre un but d'organisation ou d'adaptation? Une loi naturelle dira-t-on, mais il faudrait ajouter d'où elle provient. Il faut une cause à tout effet, aussi bien à ceux des forces mécaniques et chimiques de la matière qu'à tout autre. Quel que soit le terme auquel on parviendra, en poussant la question de mots en mots, il s'en trouvera bientôt un qui sera la limite de l'argumentation, un auquel il ne sera possible de répondre que par celui qui seul peut tout résoudre : Dieu !

Nous ne croyons donc pas qu'il y ait eu adaptation pour ce qui regarde la faculté lumineuse que montrent les Isis et pour nous expliquer sur ce que nous pensons à l'égard du transformisme, nous dirons que : si l'on admet que des yeux qui commencent par se perdre puissent devenir par la suite des foyers de lumière, on se trouve entraîné à pousser bien loin les conséquences de la théorie.

Il est sûr que certaines modifications peuvent être dues au milieu dans lequel vivent les organismes, les races peuvent se modifier, des espèces même se produire, des genres, peut être, se transformer en acquérant quelques caractères et quelques facultés. Mais qu'il apparaisse un être positivement nouveau, résultant d'une suite de transformations, dérivant d'adaptations successives, nous n'en voyons pas. Rien dans la nature ne nous fait pressentir sa venue et on l'observe cependant depuis bien des siècles ; la science si avancée aidant ces forces prétendues de la matière, nous aurions sous les yeux de nouveaux animaux, aussi étonnants que le sont les merveilles que l'homme a su tirer des applications de la physique et de la chimie.

Il a su de l'électricité faire un esclave exécutant ses ordres, il a étendu les limites de son savoir et de son pouvoir à l'infini; mais s'il reconstitue la matière inerte, s'il compose le diamant, il ne lui est pas permis et il ne lui sera jamais permis à quelque puissance qu'il parvienne, de produire la vie, de créer un être quel qu'il soit. Il ne peut même pas obtenir la substance en laquelle la vie est enfermée, la matière animale. Voyons enfin où pourrait conduire le transformisme, en remarquant que, si cette théorie en arrive à donner l'homme comme descendant d'une monère ou d'un amibe, nous pouvons bien pousser plus loin les progrès auxquels arrivent ces cellules primordiales. Si elles ont pu, de transformations en transformations, aboutir à l'homme, pourquoi celui-ci en raison des mêmes principes et par suite d'adaptions n'arriverait-il pas à obtenir des ailes pour l'accomplissement d'une tendance à la locomotion dans l'air? Pourquoi ne deviendrait-il pas amphibie pour aller fouiller au sein des mers? finissant par s'habituer à ne plus respirer, ne pourrait-il pas vivre dans le vide comme un pur esprit sans plus avoir besoin d'aucune chose? Mais les partisans du transformisme — y ont-ils bien songé? — arrivent ainsi au but que le spiritualisme présente à l'esprit des sages.

Donc, sur ces fonds situés par 1000, 5000 mètres et plus de profondeur, une douce lueur est répandue; elle émane de mille foyers ; elle s'avive aux abords de chacun d'eux. Cette bienfaisante clarté permet aux habitants dont la nature est errante de se diriger sur les points où leur instinct les pousse, aux petits de se cacher, aux affamés de saisir leur proie. Elle se joue sur ceux revêtus de brillantes couleurs, elle les caresse comme pour les féliciter d'avoir été colorés ; parce que, grâce à elle, ils s'épanouissent avec plus de grâce, avec des nuances plus vives, ils s'agitent en mouvements d'amour pour elle. C'est ainsi que ces vastes plaines recouvertes d'une couche soyeuse de vase peuvent par les effets de la lumière animale, c'est-à-dire de la *zoophotie*, devenir les scènes sur lesquelles se déroulent des drames, de poétiques romans, où se produisent de tumultueux épisodes, où se livrent des combats, où s'accomplissent des meurtres, aussi bien que des actes de dévouement et des scènes d'amour. Le fort y terrasse le faible, le vindicatif s'y place en embuscade pour se venger, le hardi s'aventure, le patient guette, le prudent se cache ; il y a des poursuites acharnées, des fuites désespérées. Et tout cela, parce qu'il faut là comme ailleurs lutter pour l'existence, s'aimer pour perpétuer les espèces.

Nous nous sommes un peu longuement étendu sur cette question de la photogénie ou zoophotie au sein des eaux, mais elle est encore bien mystérieuse et présente beaucoup d'intérêt.

Revenons actuellement à ces protozoaires qui peuvent fournir le sujet de très intéressantes et très récréatives observations microscopiques, en nous servant comme guide des beaux travaux de notre ami, M. Certes, sur le sujet. Et quand bien même on ne s'arrêterait qu'à les considérer sous un grossissement ordinaire, on éprouverait certainement de grandes satisfactions en contemplant les évolutions auxquelles ils se livrent avec une agilité excessive, les changements qu'ils font subir à leurs formes et leur nombre étonnant.

Pour les capturer, il suffira, le soir après le coucher du soleil, de traîner à la remorque d'une embarcation un filet semblable à celui dont on se sert pour prendre des papillons, mais en gaze de soie ne craignant pas d'être mouillée.

De le maintenir à quelques centimètres au-dessous de la surface de l'eau. Chaque fois qu'on l'en retirera, on le plongera en le retournant dans une cuvette à moitié pleine d'eau de mer, ayant soin d'agiter le sac pour détacher de l'étoffe tous les animalcules qui pourraient y adhérer.

Lorsqu'on aura terminé cette pêche, le contenu de la cuvette sera vidé dans un bocal, afin de pouvoir aisément transporter chez soi les produits de la pêche. Ce ne sera guère que le lendemain au jour que l'on pourra s'assurer des succès obtenus, cependant les impatients pourront au moyen d'une bonne lampe éclairer leur microscope et reconnaître à leur rentrée chez eux s'ils ont été favorisés. Si le temps s'est trouvé convenable le nombre des capturés sera grand, on le verra bien en plongeant une pipette dans le bocal et laissant tomber son contenu dans un verre de montre, ou deux ou trois gouttes seulement sur une lame de verre qu'on placera sous l'objectif du microscope.

Ce sont les études faites sur ces animaux qui ont préludé à toutes celles des organismes infectieux et dont les résultats rendent déjà d'immenses services.

CHAPITRE VI

LES RHIZOPODES

Si l'on s'en rapportait à ce qui est encore généralement admis, on rangerait parmi les *Protozoaires* une classe d'animaux que nous regardons comme leur étant de beaucoup supérieurs. Ce sont les *Rhizopodes réticulaires*, que l'on relègue à tort aux derniers rangs de l'échelle animale, parce qu'on ne les connaît pas suffisamment.

Pour nous, qui avons attentivement étudié presque tout ce qui les concerne, nous sommes convaincu, en raison des merveilleux travaux qu'ils exécutent, du choix intelligent qu'ils font des matériaux qu'ils emploient, des formes parfaites qu'ils leur donnent, que ces organismes sont doués d'un intellect qui les élève. Nous n'hésitons pas à déclarer que les œuvres qu'ils accomplissent peuvent être comparées à celles des fourmis, des abeilles et même des castors que l'on admire avec juste raison, travaux dénotant un entendement supérieur se rapprochant beaucoup de l'intelligence prouvant au moins, pour ceux que ce mot effaroucherait, un intellect surprenant [1].

Cependant ce qui les sépare profondément de ceux-ci, c'est que ce sont des organismes sans organes. Qu'on se récrie, si on le veut, contre la contradiction que présentent les trois mots de cette définition, le fait est on ne peut plus réel et bien prouvé. Malgré cette réserve sur la position qu'ils doivent occuper dans la série zoologique, puisqu'en histoire naturelle les Rhizopodes réticulaires sont encore relégués parmi les Protozoaires, nous nous occuperons d'eux avant de parler d'animaux que nous considérons comme leur étant très inférieurs.

En exécutant quelques petits dragages et même en cherchant sur les pierres et dans les algues des rivages, on ne peut manquer de trouver des Rhizopodes. Il faut si c'est dans les algues qu'on recherche, plonger celles-ci dans une cuvette à demi pleine d'eau salée et les agiter pendant quelque temps, les Foraminifères qui les habitaient tomberont au fond du vase et on y les trouvera facilement. Il est nécessaire de visiter aussi avec grand soin chaque feuille de la plante, souvent des espèces adhérentes s'y trouvent fixées. Ce sera sous le microscope qu'on pourra les observer à son aise.

[1] Voir dans *le Naturaliste* de 1888, un travail sur ce sujet.

L'exploration des rivages ne fournira guère que des Rhizopodes Porcelanés, qui pourront donner lieu à de très curieuses observations. Charmantes de formes, la plupart des enveloppes de Foraminifères ont presques toutes l'aspect de petites coquilles, dont quelques-unes sont percées de milliers de trous *(foramens)*, par lesquels on pourra voir les animaux qui les habitent sortir de leurs demeures, se divisant à cet effet en un nombre infini de fils fins qui, en vertu de la coalescence, peuvent se réunir de nouveau en une masse plus ou moins importante, se nouer entre eux en quelque sorte de manière à former une sorte de réseau qui arrête la proie au passage, et pour cela l'animal varie les positions qu'il prend, les formes qu'il donne à ses mailles, leur nombre, leurs dimensions. C'est sa propre substance que l'organisme répand ainsi en filaments, plus ou moins épais ou fins, courts ou allongés, qu'il rétracte, qu'il redivise, qu'il réunit, qu'il désunit et ce sont les réseaux qu'il forme assez souvent dans toutes ces évolutions qui ont valu à l'ordre le nom de *réticulaires*. Ces filaments, ces parties du Rhizopode, on les nomme les *pseudopodes*, parce qu'il s'en sert aussi pour la locomotion.

L'observateur curieux de constater ces faits le pourra facilement en mettant dans un verre de montre contenant de l'eau de mer, quelques Foraminifères fraîchement pêchés, il les verra épancher leurs pseudopodes au dehors, s'en servir pour, se mouvoir, et, s'il a la chance qu'il s'en trouve un dont les pseudopodes rencontrent une proie, il verra celle-ci enveloppée par l'effet de la coalescence pénétrer dans la substance molle, dans la mucosité qui la constitue aussi bien que l'animal tout entier, et se trouver digérée sur place. Et le même fait peut se reproduire à la fois ou à diverses reprises sur vingt points différents des pseudopodes. C'est que l'animal sans organes ne possède en effet ni bouche ni estomac, mais qu'il est partout bouche et estomac et que l'assimilation de la nourriture qui doit servir à l'être tout entier s'opère au profit général aussi bien sur un point quelconque de la mucosité que sur un autre. Aussitôt que les services que doivent rendre les pseudopodes ne sont plus nécessaires, ils rentrent par les foramens au dedans de l'enveloppe et se trouvent alors réunis en une masse qui adopte la forme ou les formes de celle-ci. Cependant le *Sarcode* (fig. 24), c'est ainsi que l'on nomme la substance qui compose l'organisme, n'est pas tenu à se mouler sur ces formes et souvent on peut dire qu'il n'en admet aucune, qu'il ne se soumet à aucun contour défini et qu'il en change à chaque instant. Son enveloppe, son test ou sa coquille ne sont pas faits pour l'astreindre à leurs lignes, mais ils sont faits pour qu'il y trouve les moyens d'émettre ses pseudopodes le plus avantageusement pour ses besoins, pour qu'il puisse les sortir et les rentrer aussi promptement que possible ; ils doivent également servir à sa protection. C'est sur les pseudopodes qu'on peut bien observer le courant de la circulation qui se porte du centre vers leurs extrémités et qui de celles-ci retourne vers son point de départ.

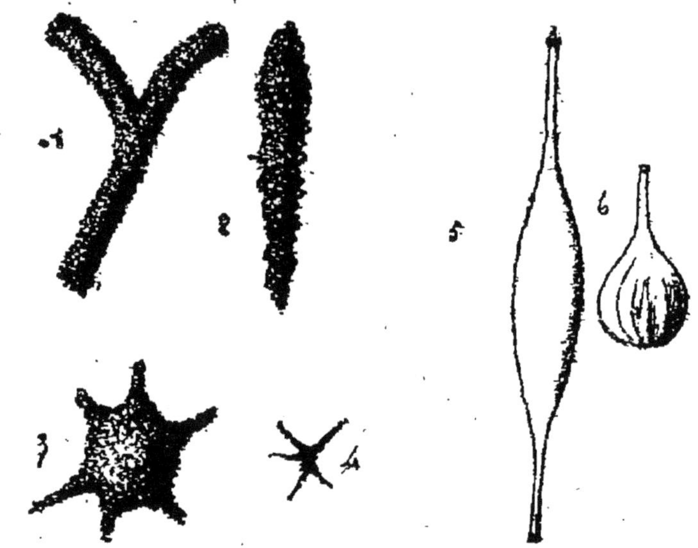

FIG. 21 à 26. — Foraminifères.
1, 2, *Rhabdammina*. — 3, *Arenistella aglutinans*. — 4, Sarcode d'*Arenistella*. — 5, 6, *Lagena*.

Ce qui pourra surtout donner l'éveil à la curiosité consistera dans l'examen des formes, particulièrement de celles de certains Foraminifères vitreux, tels que les *Lagena* (fig. 25 et 26); ainsi que leur nom l'indique, les espèces de ce genre ressemblent à de petits flacons du cristal le plus pur.

Nous citerons aussi quelques espèces de *Dentalina* dont les formes ont une grande élégance, des

Polymorphina, etc. Observons que ce n'est guère qu'en draguant dans des eaux un peu profondes qu'il sera possible d'obtenir ces derniers organismes, aussi bien que ceux appartenant aux tribus des Arénacés, des Vaseux, etc., dont on rencontre bien quelques espèces vers les rivages, mais dont la plupart vivent dans les grandes profondeurs. Cependant il est possible de trouver sur les roches du large de la côte de Biarritz des spécimens fort curieux, qui, sous la forme de pierres, recèlent un rhizopode d'une nature particulière et que nous avons nommé *Lithogena*.

Nous avions pensé d'abord que c'était l'*Eozoon* que nous avions rencontré et peut-être avions-nous raison, mais en présence de quelques caractères particuliers de nos échantillons qui les écartent de ce dernier organisme, nous avons cru devoir ne pas les identifier avec lui. On pourra du reste juger de la chose en comparant la figure que nous donnons (fig. 28, 7) à celle de l'Eozoon, qu'on pourra trouver dans les livres spéciaux[1]. C'est bien l'animal rhizopodique qui compose cette masse considérable de calcaire soudée à d'autres roches d'un autre genre. La figure 28, 8, le montre tel que nous l'avons extrait des loges dans lesquelles il habitait et qui communiquaient entre elles presque directement ou au moyen de galeries assez larges.

[1] Voyez Félix Bernard, *Eléments de Paléontologie*. Paris, 1893, p. 104.

Nous fûmes assez surpris de cette découverte, mais nous n'étions pas au bout de nos étonnements. Quelque temps après, en soumettant à

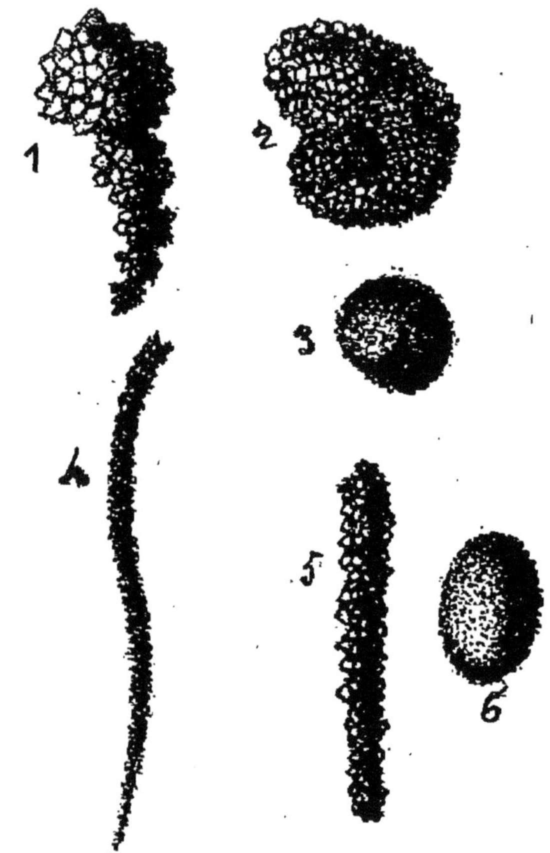

Fig. 27. — Rhizopodes de la tribu des Arénacés : 1, *Reophax nitens*. — 2, *Haplophragmium foliaceum*. — 3, *Haplophragmium globigeriforme*. — 4, *Rhabdammina arenosa*. — 5, *Marsipella rustica*. — 6, *Eilemammina subovata*.

l'acide des fragments de roche nummulitique, si commune à Biarritz, nous trouvions que ces masses énormes ont été elles aussi, des animaux comme le *Lithozoa*, qu'elles sont composées par le Sarcode d'un animal rhizopodique, qui, à l'aide de la sécrétion qu'il élabore, réunit en un ensemble vivant sa propre substance, du sable amplement mélangé de petits tests, surtout de Nummulites, et

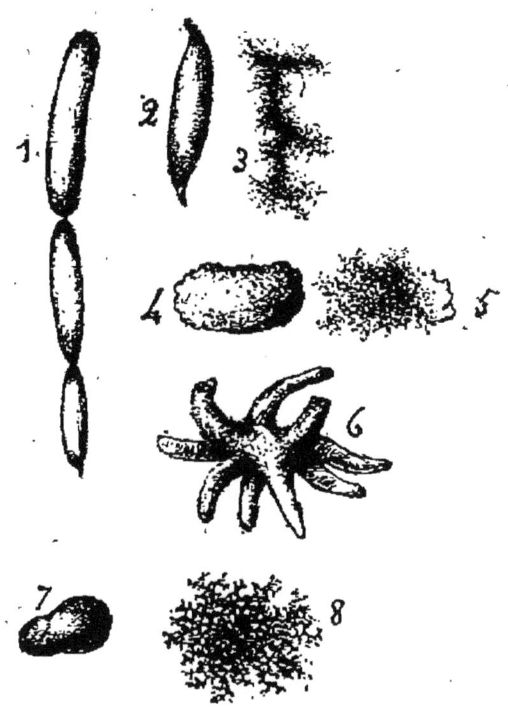

Fig. 28. — Rhizopodes de la tribu des Vaseux : 1, *Pelosina variabilis*, var. *lucanica*. — 2, *Mallopella*, concrétion vaseuse. — 3, Animal sarcodique de *Mallopella*. — 4, *Plakopella*. — 5, Sarcode de *Plakopella* sur une tunique chitineuse. — 6, *Rhizopella*. — 7, *Lithozoa*. — 8, Animal du *Lithozoa*.

que le tout est solidifié par la sécrétion. A la longue cet animal, infime en son principe, se change en croissant en de gigantesques masses. Au laboratoire du Muséum d'histoire naturelle, l'analyse de la matière animale provenant de la décomposition a donné 15 pour 100 d'azote.

Nous ne citerons que quelques-unes des nombreuses formes qui peuvent être recueillies dans les eaux marines de la région, les *Cristellaria, Nodosaria, Dentalina, Rotalina, Textilaria. Quinqueloculina,* l'une de ces dernières, très remarquable par sa grande taille, que nous avions draguée dans la Fosse de Cap-Breton, nous a été dédiée par notre ami M. Schlumberger, le distingué spécialiste.

Parmi les Arénacés (fig. 27), nous nommerons : *Reophax nitens, Haplophragmium foliaceum, H. globigeriformis, Rhabdammina arenosa, Marsipella rustica, Eilemammina subovata,* dont nous donnons les figures.

Nous faisons également figurer les espèces suivantes de la tribu des Vaseux (fig. 28) : *Pelosina variabilis, var. lucanica, Mallopella,* la concrétion et l'animal sarcodique débarrassé de son enveloppe vaseuse, *Plakopela, Rhizopella, Lithozoa,* concrétion calcaire, ressemblant à un petit caillou renfermant un animal sarcodique, celui qui l'a édifié.

Le meilleur moyen de se procurer les Rhizopodes de la tribu des Vaseux et des Arénacés qui vivent sur le littoral du sud-ouest consiste à opérer des dragages en usant des procédés que nous avons indiqués. On pourra également s'en procurer en obtenant des bateaux de pêche chalutiers des résidus de sable, et autres matières qui se trouvent au fond des chaluts. En les lavant bien dans des tamis, on pourra les examiner à la loupe et en extraire une foule de petits animaux et en particulier des Rhizopodes vaseux, arénacés et autres.

Mais, ce qu'il y a de mieux à faire, c'est de s'organiser pour opérer des dragages : la chose n'est pas bien difficile, on trouvera toujours des bateaux de pêche que l'on affrètera sans peine, à Cap-Breton, des Pinasses, avec lesquelles on pourra se servir de dragues assez puissantes et les faire manœuvrer par cinq, six et sept cents mètres de profondeur. Le tout consistera à se procurer l'instrument et les cordages indispensables; avec une centaine de francs, on les paiera et quelles jouissances se procureront les chercheurs qui se décideront à faire cette dépense. Que d'étonnements ils se prépareront en ayant dans leurs mains le moyen d'étudier cette curieuse tribu des Vaseux. En traitant quelques spécimens par l'acide nitrique ou azotique, ils découvriront combien est extraordinaire l'organisation de ces animaux. Ils verront d'abord que le sarcode, c'est-à-dire la matière animale qui en constitue le principe, s'adjoint afin de se donner une consistance plus solide des particules arénacées que nous avons nommées *pseudostes*, puis elle agit pour se composer une demeure : produisant en premier lieu une sécrétion d'abord chitineuse pour former la tunique qui lui servira de base et sur laquelle elle s'établit, enfin une autre sécrétion, celle-ci calcaire, lui sert à cimenter les éléments vaseux avec lesquels elle façonne une enveloppe assez solide pour se trouver suffisamment protégée. C'est un mélange intime entre le sarcode, la sécrétion et la partie vaseuse qu'elle a opérée, et dans ce dernier mélange la partie animale conserve une sorte d'indépendance, elle demeure libre de s'épancher au dehors dans une certaine limite, étendant ses pseudopodes et les rentrant à volonté.

Un Rhizopodiste qui n'avait pas suffisamment examiné les organismes vaseux avait supposé que la solidification de leurs enveloppes était due à la pression de l'eau, cette hypothèse était d'autant plus insoutenable qu'elle infirmait singulièrement la valeur organique de l'animal. En traitant par l'acide la cimentation due à l'action de la sécrétion elle se dissout par l'élimination de celle-ci et laisse en liberté l'élément vaseux, il ne reste plus que le sarcode frangé de ses pseudostes et l'animal apparaît dégagé, mais reposant encore sur sa tunique chitineuse qui est presque toujours une sorte de poche demeurant vide, le sarcode étant appliqué au dehors. Il est parfois très singulier de trouver des formes décomposées par l'acide se montrer étrangement différentes de celles qu'affectaient les enveloppes dans lesquelles elles étaient renfermées, on en jugera en jetant les yeux sur la figure 28, 2 et 3, qui représente la concrétion vaseuse et l'organisme décalcifié de *Mallopella*.

On éprouvera une surprise non moins grande, lorsque, après avoir bien examiné certains petits cailloux bien brillants et qui ne diffèrent absolument en rien de gros grains roulés de sable, cet examen ayant semblé convaincre de leur identification avec ceux-ci, si on les traite par l'acide. Les grains de sable demeureront inattaquables, étant siliceux, ceux qui n'en sont pas donneront immédiatement lieu à une effervescence qui s'explique parfaitement parce qu'on reconnaît qu'une croûte externe enveloppe le caillou et qu'elle est exactement composée comme le sont les enveloppes des Foraminifères par la sécrétion destinée à cette formation. Au dedans se trouve l'organisme édificateur, il est des plus curieux et consiste en des bâtonnets de sarcode, qui se ramifient, se croisent et prennent en leur ensemble l'aspect d'un réseau, ce qui nous a conduit à le nommer *Pseudarkys*. Quant au caillou, nous lui avons appliqué celui de *Lithozoa*, car c'est bien une petite pierre en vie qu'il nous montre. Il constitue un état particulier du *Pseudarkys*, car nous avons trouvé celui-ci d'abord à l'état nu se réfugiant dans des cavités qui lui fournissent un abri contre les accidents inévitables d'une existence abandonnée à elle-même, puis entouré de vase solidifiée par la sécrétion, également enveloppé de grains de sable ou de globigérines réunis par le même procédé.

Les dragages dans la Fosse de Cap-Breton fourniront également plusieurs espèces de *Pelosina*, une entre autres d'un très fort diamètre et dont la partie vide, parfaitement cylindrique, est d'une régularité de forme remarquable, *Pelosina ventricosa*, puis une autre, encore *Pelosina capillaris*, non moins intéressante, qui ne montre qu'un très petit cylindre, demeurant vide au milieu de la concrétion vaseuse ample et épaisse au contraire.

Signalons aussi des *Arenistella agglutinans*, à forme d'étoile, qui est composée de vase mêlée de grains de sable, et renferme un animal sarcodique assez grêle comparé à son enveloppe (voir fig. 23).

Les Arénacés qu'on rencontrera sont : quelques *Rhabdammina* (fig. 27, 4), des *Marsipella* (fig. 27, 5), des *Reophax* (fig. 27, 5), puis quelques formes fort petites que l'on ne pourra trouver parmi les résidus des dragages qu'en se servant de la loupe[1]; enfin une série de Foraminifères dont quelques espèces sont fort belles, des *Lagena* peut-être, ces petits flacons de cristal, d'une grande pureté de forme et aussi d'une grande limpidité.

Les roches qui sont en formation au fond de la Fosse et dont on ramènera certainement des échantillons permettront, en les traitant par l'acide, de reconnaître qu'elles sont composées comme les Rhizopodes, par du sarcode, qui, à l'aide de la

[1] Cette tribu des Arénacés comme celle des Spiculacés et plus encore celle des Globigerinacés, que des dragages en eaux un peu profondes ne pourront procurer, méritent une attention toute particulière.

sécrétion qu'il produit, amasse la vase, le sable et des tests pour se revêtir du composé dans lequel il demeure et dans lequel il finit par mourir.

Ce fait de la formation animale des roches actuelles est assez curieux pour intéresser et pour que l'on s'assure par soi-même de son exactitude. Il ne sera même pas nécessaire pour cela de se servir des échantillons dragués dans la Fosse, on pourra faire l'expérience en se servant de la roche nummulitique si abondante à Biarritz.

CHAPITRE VII

LES ZOOPHYTES

Nous devons indiquer quelles recherches il est nécessaire de faire afin d'obtenir les animaux qui doivent faire suite aux Rhizopodes, c'est-à-dire, les Ramifiés ou Zoophytes.

Ils sont divisés en trois groupes distincts : les *Éponges*, les *Polypes* et les *Échinodermes*.

I. LES ÉPONGES

Dans le premier groupe, sont rangées les *Éponges*, partagées, elles aussi, en *calcaires* et en *siliceuses*. Abondantes presque partout, on les rencontre facilement parmi les Algues, sur les rochers et dans les cavités qu'ils présentent, puis sous les pierres. Parfois détachées de leurs supports, on peut les trouver à l'état libre; mais, en ce cas, ce sont des animaux morts que l'on ramassera. Dans leurs situations normales, elles sont adhérentes et marbrent de taches blanches, jaunes, rouges ou

Fig. 29. — Eponge usuelle.

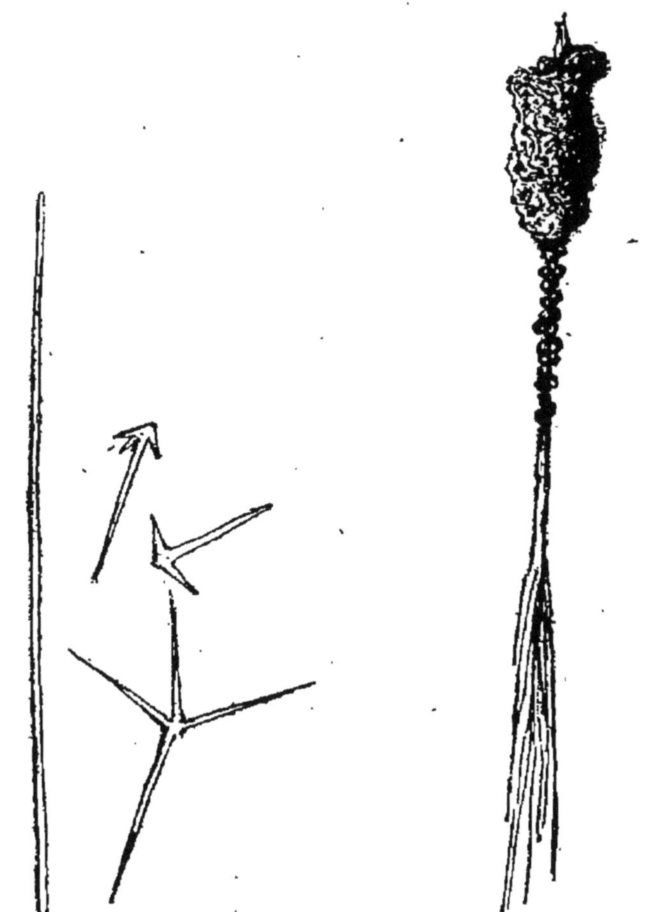

Fig. 30. — Spicules d'éponge. Fig. 31. — *Hyalonecina lusiticana.*

bleues les points où elles se sont attachées. La partie animale de l'éponge, celle qui vit, est supportée par un squelette composé de ce qu'on appelle des *spicules* (fig. 30), ayant des formes très différentes, il en est qui ne sont que de longs fils transparents, d'autres représentent des étoiles, des ancres, des épingles, etc. Ces spicules de diverses formes, par leur arrangement, caractérisent généralement les espèces. Les unes servent de pied à l'animal, elles se groupent en faisceaux ou en torsades, s'implantent dans la vase du fond et maintiennent l'éponge en suspension à quelque distance de la couche vaseuse (fig. 31). D'autres lui servent de défense, tandis qu'il en est qui la retiennent amarrée.

L'éponge se nourrit de petits organismes, qui sont répandus à l'infini dans les eaux, qui traversent incessamment la multitude de cavités criblant sa masse et nommées *corbeilles vibratiles*, elles communiquent avec le dehors par deux canaux, l'un afférent, l'autre déférent.

Les éponges calcaires sont assez abondantes sur nos rivages ; on peut indiquer comme une des plus communes le *Sycon*, qui ressemble à un petit radis blanc et les *Leucosolenia*, qui ont l'aspect de la dentelle.

Les éponges siliceuses ont leur spicules à une, quatre ou six branches : *Monactinellidæ*, *Tetractinellidæ*, *Hexactinellidæ*. Ce sont des représentants des deux premiers groupes que l'on peut rencontrer sur nos côtes. Bien que ce ne soient pas seulement celles-ci qui y vivent, il en est dont les spicules sont remplacés par des fibres cornées, telle est l'espèce dont on se sert habituellement, l'*Euspongia usitatissima* (fig. 29).

Enfin les éponges charnues qui naissent et croissent sur les rochers et les recouvrent, ainsi que nous l'avons déjà dit, de taches violettes.

Les spicules, qui chez certaines éponges constituent en quelque sorte une charpente ou un squelette sur lequel l'animal s'établit et s'appuye sont des produits d'une sécrétion qu'il élabore lui-même; ils sont toujours d'un brillant et d'une transparence qui n'ont d'égaux que les cristaux. On peut même dire que ce sont des cristaux animaux, car ils naissent d'une sécrétion purement siliceuse.

Les formes des spicules sont assez variables et prennent des dispositions qui donnent à l'éponge une forme qu'elle adopte, et qui résulte de celles suivant lesquelles les spicules se groupent ou s'agencent.

Ces formes souvent composées de réseaux lorsque les spicules se soudent les uns aux autres représentent des corps assez réguliers, des urnes, des nids d'oiseaux, etc.

On trouve des espèces d'éponges qui, une fois débarrassées de leurs tissus organiques, se présentent sous un aspect architectural des plus merveilleux, les courbes que leur accroissement a suivies se présentent comme des figures tracées parla géométrie transcendante, et, si l'on joint au pittoresque de leur ensemble l'éclat que leur imprime le lustre des spicules, on peut dire que l'on a une merveille sous les yeux lorsqu'on peut contempler un de ces sujets qui ont été d'une très grande rareté il y a quelques années. On sait maintenant où les trouver et ils commencent à devenir communs dans les collections.

II. LES POLYPES

Le second groupe des animaux ramifiés comprend les *Polypes*, qui sont assez communs et que l'on trouve fixés un peu partout, sur les Algues, sur les coquilles de Mollusques, sur les galets, et les rochers. Ils ont presque toujours l'aspect de petits arbustes ou de Mousses. On les divise en trois catégories : les *Hydres*, les *Méduses* et les *Actinies*.

Les *Hydres* se montrent sous la forme d'un petit calice ou cornet charnu, portant une couronne de tentacules, qui parfois sont irrégulièrement placées sur sa surface. La plupart des espèces se ramifient et ressemblent à de minuscules arbrisseaux (fig. 32).

Parmi les *Hydres*, il en est qui ne ressemblent pas à ceux-ci, qui ne se fixent pas et qui errent sur les flots, soutenus par un polype rempli d'air, auquel est départie la fonction de flotteur. Ce sont les *Physalies* (fig. 33).

On rencontre quelquefois des Physalies, vulgairement appelées *Galères*, errantes à la surface de la mer; elles viennent en certaines circonstances s'échouer à terre, mais ce n'est qu'accidentellement.

Il en est de même des *Apolemies* ou *Siphonophores*. Ces polypes sont extrêmement curieux : ils placent à une de leurs extrémités la colonie de Méduses en forme de cloches qui ont pris naissance sur elle et qui se transforment en un équipage de rameurs, destiné à mettre en marche la réunion des Polypes. Il est regrettable qu'ils ne se trouvent que fort rarement; cependant nous en avons vu un exemplaire pris par les pêcheurs de Biarritz.

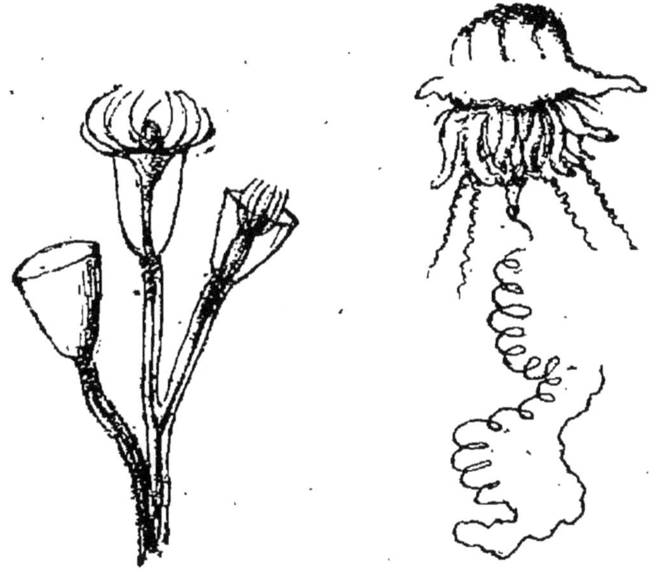

Fig. 32. — Hydre.   Fig. 33. — Physalie.

Enfin certaines espèces d'Hydres peuvent s'emparer d'une partie du calcaire contenu dans l'eau et composer un véritable polypier. On les appelle alors *Hydrocoralliaires*.

Les Hydres couvrent à profusion toutes les roches du littoral.

Les *Méduses* ont parfois la forme d'une cloche, ou bien elles adoptent celle d'un champignon; parmi ces dernières les Rhizostomes *(Aurelia)* sont, à certaines époques, excessivement communes sur nos rivages, elles viennent en nombre considérable s'échouer sur les plages et les rochers. Nous en avons vu qui, ayant remonté l'Adour, étaient venu remplir les fossés des fortifications de Bayonne et que le flot avait porté bien plus haut encore, jusqu'à Urt.

La troisième catégorie est celle des *Actinies*, qui peuvent être comparées à des fleurs polypétales; elle se divise en trois sections: 1° les *Tetracoralliaires*, 2° les *Hexacoralliaires*, 3° les *Octocoralliaires*. Elles ont un corps cylindrique et autour de leur bouche des tentacules sont disposés comme le sont les pétales d'une rose autour de son pistil.

Il arrive que les Actinies produisent des corpuscules calcaires qui, demeurant isolés au dedans des tissus, ne sont que des spicules. S'ils se réunissent, ils forment quelque chose comme un squelette que l'on nomme *Polypier*. Il s'en trouve qui atteignent de grandes tailles, tels sont les Madrépores.

Aux Hexacoralliaires ou Zoanthaires appartien-

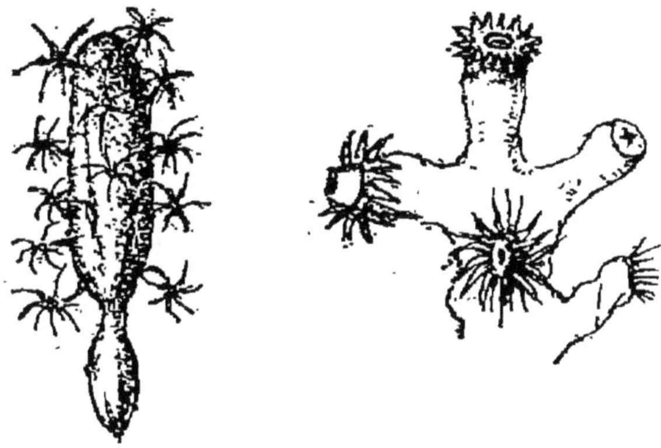

FIG. 34. — *Veretillum cynomorium.*

FIG. 35. — Un rameau de *Dendrophyllia.*

FIG. 36. — *Pennatula grisea.*

FIG. 37. — Rameaux d'Isis.

nent les *Anémones de mer*, si communes sur

toutes les côtes et qu'il est bien facile de pêcher avec leurs supports, pierres, coquilles, etc., les *Caryophyllies* à polypier simple et toutes les espèces fort nombreuses, dont les polypiers sont calcaires et arborescents.

Le type des *Octocoralliaires* ou *Alcyonnaires* est le *Corail*, dont le système de rameaux est supporté par un axe complètement calcaire.

Cette section ne se borne pas à comprendre cette seule sorte d'Alcyonnaires, il en est d'autres qui lui appartiennent : d'abord les *Isis* (fig. 37), chez lesquelles l'axe est à demi calcaire et à demi corné ; puis les *Gorgones* qui le possèdent entièrement corné.

Quelques colonies de coralliaires demeurent libres et vivent comme un animal unique, telles sont les *Virgulaires*, pourvues d'un axe calcaire, les *Veretilles* (fig. 34), soutenues par des spicules, les *Renilles* et les *Pennatules* (fig. 36), dont les polypes sont placés sur une palette ou sur des expansions de la tige.

A Biarritz, les pêcheurs de homards et de langoustes prennent quelquefois dans leurs casiers des Alcyonnaires et des Gorgoniens, mais ce sont presque toujours des sujets morts,

Nous avons nous-même obtenu par nos dragages dans la Fosse de Cap-Breton, les espèces suivantes :

1 *Caryophyllia clavus.*
2 *Desmophyllium crista-galli,*
3 *Alcyonium palmatum.*
4 *Alcyonium glomeratum.*
5 *Veretillum cynomorium* (fig. 34).
6 *Veretillum pusillum.*
7 *Clavella Haimei.*
8 *Edwardsia*, voisin d'*E. Beautempi* et d'*E. callimorpha.*

Fig. 38. — *Kophobelemnon stelliferum.*

Fig. 39. — *Stylobelemnon pusillum.*

9 *Kophobelemnon stelliferum* (fig. 38).
10 *Muricea placomus.*
11 *Palythoa conchi.*
12 *Paracyatus striatus.*
13 *Pennatula phosphorea, var. aculeata.*
14 *Pterogorgia rhizomorpha.*
15 *Stylobelemnon pusillum* (fig. 39).
16 *Pteroïdes griseum.*

Pour compléter cette liste, ajoutons le *Penella Orthagorisci*, dont nous avons trouvé de très beaux échantillons implantés et ancrés, au moyen d'ancres véritables ou plutôt de vrais grappins, dans la peau d'un énorme spécimen d'*Orthogarociscus mola* capturé par des pêcheurs biarrots en 1879.

En 1891, un nouveau sujet du même poisson nous a fourni de nouveaux échantillons du même *Penella*. Lorsque l'occasion se présente de pouvoir examiner des *Orthogavriscus mola*, poisson lune, il ne faut pas manquer de visiter la peau en toutes ses parties ; on trouvera sur elles, outre ce parasite, plusieurs autres animaux, vers, crustacés, etc., qui y vivent.

A l'époque où nous avons obtenu ces zoophites dans nos dragages, plusieurs de ces espèces étaient considérées comme appartenant spécialement à la Méditerranée, on ne les avait jamais trouvées ailleurs.

Il est extrêmement facile de se procurer à Biarritz quelques espèces des coralliaires habitant la côte des Landes. Les petits bateaux à vapeur de pêche qui traînent leurs chaluts sur les fonds vaso-arénacés situés au large de Contis, et auxquels le phare sert d'excellente remarque, en ramènent toujours dans leurs filets. En s'adressant aux patrons ou aux hommes de l'équipage, on en obtiendra sûrement.

La pêche à pied, dans les rochers mis à découvert aux basses mers, procurera également bon nombre d'espèces, elle permettra surtout d'admirer les Anémones de mer dont les tentacules épanouis les font ressembler à des fleurs aux brillantes couleurs.

III. LES ÉCHINODERMES

Le troisième groupe des zoophytes comprend les *Echinodermes*, c'est-à-dire ceux dont la peau est épineuse.

Au premier rang de ceux-ci se trouvent les *Étoiles de mer*, séparées en deux classes, celle des *Stellerides* et celle des *Ophiurides*.

Ces *Stellerides* ne sont pas seulement ramifiés, ils sont aussi rayonnés, c'est ordinairement au nombre de cinq que se comptent les rayons qui sur chacun de leurs côtés portent des tentacules ordinairement terminés par des ventouses, ce sont les *tubes ambulacraires*, parce qu'ils sont destinés à la locomotion. Leur corps est recouvert par un test calcaire sécrété par l'organisme, il est souvent si évidemment rayonné, que certaines espèces ont pour cette raison reçu le nom d'*Étoiles de mer*. Ils se nourrissent principalement de Mollusques, qu'ils avalent avec leurs coquilles.

Les bras des Stellerides sont larges, épais et forts, leurs tentacules sont lisses et au moyen des ventouses ils peuvent aisément ramper et se transporter sur les points où quelqu'attrait les attire. Ils ne conservent pas toujours la forme d'une étoile et prennent parfois celle d'un polygone.

Comme représentant des Stellerides, il sera possible, pendant les basses mers des grandes marées, de se procurer, sur les parties asséchées de notre littoral, de très beaux exemplaires de l'*Asterias rubens*, qui est assez commun (fig. 40).

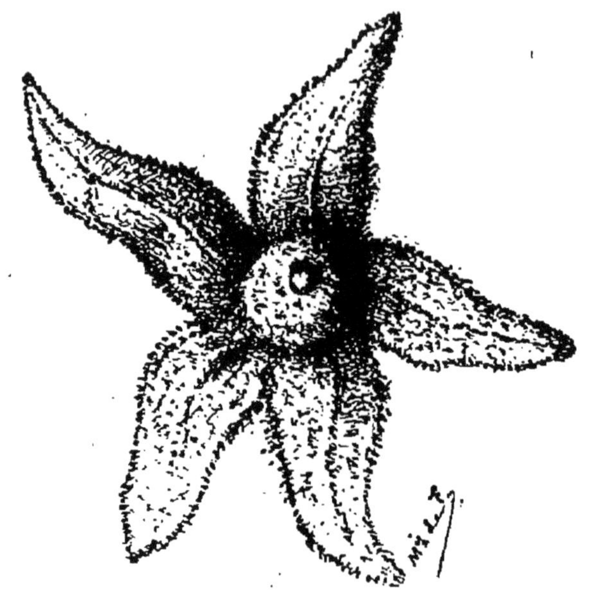

FIG. 40. — *Asterias rubens.*

Les *Ophiurides* se reconnaissent aisément à leurs longs bras grêles ressemblant à de petits serpents, leurs formes et leurs mouvements onduleux et même contorsionnés se prêtent parfaitement à ce que l'on établisse cette ressemblance. Ils ont comme centre ou corps un disque, sur lequel s'attachent les bras, dont les seules ondulations produisent les mouvements de translation, ceux-ci n'étant pas pourvus de ventouses. Nous donnons comme exemple l'*Ophiura Chiajei.*

On pourra trouver de beaux spécimens d'Ophiures.

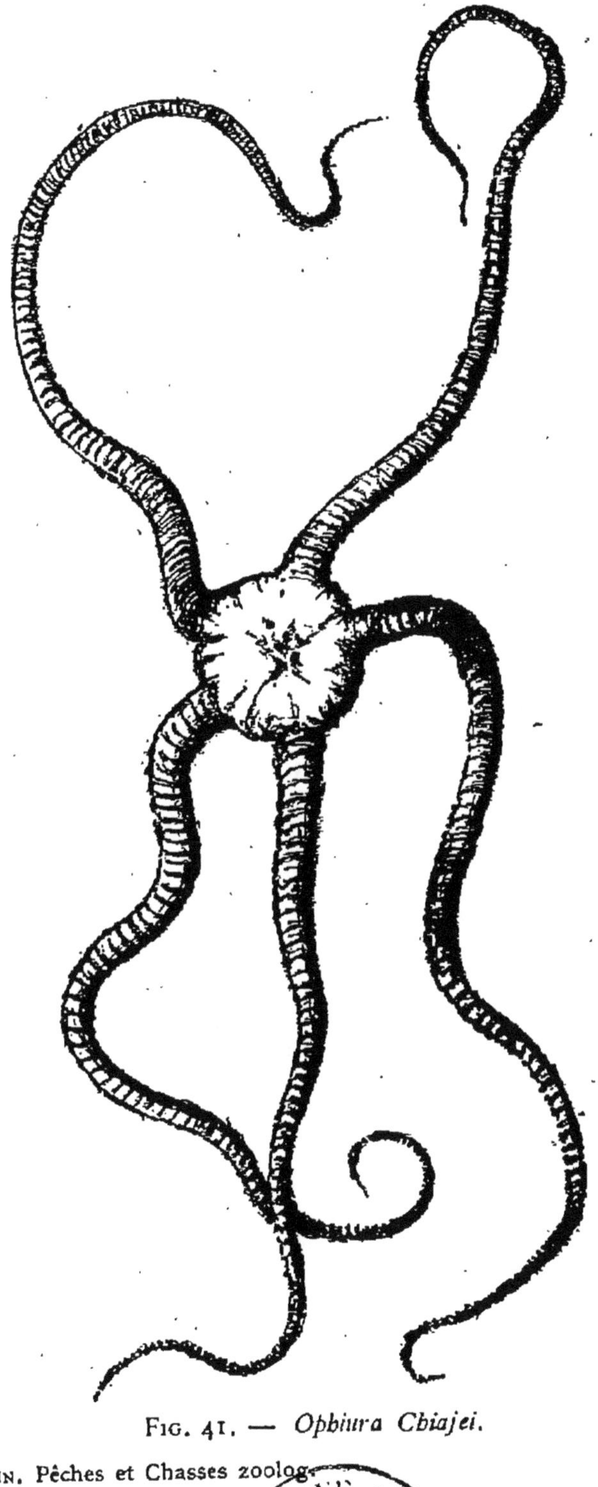

Fig. 41. — *Ophiura Chiajei.*

Dans la Fosse de Cap-Breton, on trouvera l'*Astropecten irregularis* et l'*Amphiura tenuispina*.

Si l'on peut disposer de moyens de dragages un peu puissants, les récoltes en Étoiles de mer seront considérables et très variées, car le nombre de leurs espèces dépasse 700. Parmi elles, on trouve des formes surprenantes par leurs couleurs, la multiplicité de leurs détails et leurs contours étranges.

La plus belle de toutes ces formes appartient aux *Brissinga* et fut découverte par Asbsjörnssen. Poète en même temps que naturaliste, il fut émerveillé au plus haut point de la splendeur de l'animal qu'il venait de retirer du fond, des brillantes couleurs qui étalaient sur lui leurs nuances et des bras dont l'allongement et la multiplicité dépassaient tout ce qui était alors connu. Dans sa contemplation enthousiaste de la merveille, il lui donna le nom du joyau qui étincelait sur le sein de Freya, la déesse scandinave de l'amour. C'était en effet un joyau qu'il venait de faire connaître à la science et, son imagination de poète aidant, il pouvait se figurer que c'était bien l'ornement dont se parait la déesse.

Parmi les Brissingidées, on range les *Ondinia*, et les *Hymenodiscus*. On avait cru que ces types étaient des formes presque aussi voisines des Ophiures que des Astéries, mais les séries d'espèces draguées par le *Talisman* comblent toutes les lacunes entre elles et ces dernières. Parmi les Rayonnés, elles occupent assurément la place d'honneur.

Une particularité qui doit être signalée, c'est la fragilité des bras de *Brissinga;* il est extrêmement difficile d'obtenir un spécimen entier, on dirait que l'animal, lorsqu'il se sent prisonnier, ne veut pas se livrer tout entier au capteur et qu'il brise ses appendices avec une ferme volonté de les lui dérober. Peut-être aussi que, par suite des efforts qu'il fait pour recouvrer sa liberté, les torsions qu'il leur imprime produisent leur rupture. Pour l'obtenir en bon état, il faudrait, pensons-nous, le faire périr subitement par un violent empoisonnement.

Les *Crinoïdes*, les *Echinides* et les *Holothurides*, forment un second groupe d'Echinodermes.

Les premiers sont représentés sur nos côtes par les *Comatules;* le corps est armé d'au moins dix bras, longs et ramifiés latéralement par des appendices qui s'alternent et que l'on nomme les *pinnules*. Les bras s'étendent en ligne droite, se rapprochent, s'écartent, et s'enroulent en spirales, selon la volonté de l'animal, ils sont supportés par un calice calcaire, pourvu de tiges à nombreux articles et portant à leurs extrémités des crochets, que l'on nomme *cirres* et qui servent à la Comatule pour s'accrocher aux rochers, aux algues ou à des Polypiers, sur lesquels elle demeure à peu près sédentaire. La forme étoilée des Comatules est infiniment gracieuse et leur coloration brillante rend la capture séduisante, malheureusement elles sont rares dans nos parages. Si l'on parvenait à en rencontrer, ce serait sans doute l'*Antedon rosacea* (fig. 42).

Les Crinoïdes sont intéressants, d'abord parce que depuis les premières époques géologiques ils ont, sous bien des formes, peuplé les mers ; puis parce que leurs formes rappellent des fleurs et des arbustes : leur nom tiré du grec signifie *lis;* il en est dont la taille dépasse 2 mètres.

Jusqu'en ces dernières années les Encrines étaient considérées comme complètement disparues du règne animal, mais les expéditions du *Black*, du *Challenger* et du *Talisman* en firent découvrir pas mal de spécimens vivants et de plusieurs espèces. Pour sa part, le *Talisman* dans le golfe de Gascogne, à quelque vingt milles des côtes de France, traîna ses dragues sur un champ, un véritable champ de Crinoïdes, d'où elles furent ramassées par centaines. Fixés au sol par leur implantation dans la vase et conséquemment sédentaires, il n'est pas surprenant qu'on ait pu les retirer du fond alors seulement que les moyens d'investigation furent devenus puissants. Aujourd'hui, ce ne sont plus des fossiles extraits des roches que l'on présente à l'observateur et au curieux, ce sont des êtres capturés vivants, chez qui la vie s'est perpétuée depuis ses premières manifestations sur notre globe. Actuellement que les bateaux de plaisance se multiplient et que les yachts deviennent pour nombre de leurs propriétaires des instruments de recherches scientifiques, il est permis de signaler comme des pêches à annexer à celles des rivages, les coups de chalut qui vont ramasser des êtres curieux, dont beaucoup sont encore inconnus, sur les vases tranquilles qui tapissent les abîmes.

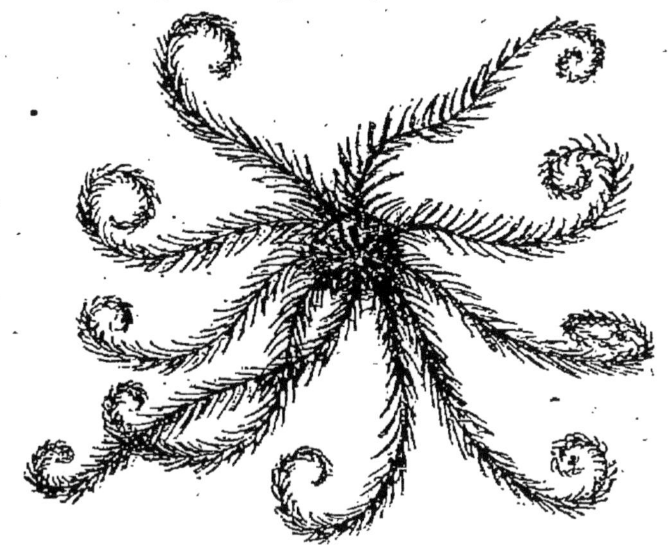

FIG. 42. — Comatule *Antedon rosacea*.

Quand, forte de ces investigations, la science avec une nouvelle puissance ne permettra plus à la mer d'avoir pour elle aucun secret, de quelque nature qu'il soit, elle pourra donner un efficace et suffisant appui à la météorologie. Et celle-ci à son tour verra se dissiper les nuages qui l'obscurcissent encore et pourra formuler des lois, dont les conséquences seront des bienfaits pour l'humanité.

Devenez donc zoologistes, vous qui ne faites encore que la pêche du poisson pour votre table, amateurs du sport nautique, et soyez bien assurés qu'en le faisant vous augmenterez considérablement les jouissances que votre bateau vous procurait. La science aujourd'hui devient de plus en plus le partage de tous, ne la reniez pas.

Il faut encore citer les *Endocrinus*, dont M. le professeur E. Perrier a trouvé une nouvelle forme dans les dragages du *Talisman* (fig. 43). Ils vivent étalés sur une large surface de vase au moyen de longs appendices s'y étendant en même temps que les bras.

Avant l'exploration du *Talisman*, on ne les connaissait que comme habitants de l'océan Pacifique.

Les *Echinides*, communément appelés *Oursins*, constituent une catégorie comprenant un très grand nombre de genres et d'espèces. On les dit *réguliers*, lorsque leur test est à peu près sphérique ; il est armé de baguettes, plus ou moins allongées, qui présentent quelque diversité dans leurs formes, et qui servent à la locomotion ; c'est pour cela qu'on les nomme *Ambulacres*.

Souvent les Oursins se creusent des retraites dans les rochers ; ils en sortent pour aller pâturer parmi les algues, car ils sont herbivores et savent parfaitement retrouver leur logis. Ils broutent en se servant de dents calcaires, supportées par un système compliqué qu'on nomme la *lanterne d'Aristote*.

On en trouvera sans peine à Biarritz, dans les roches du Port vieux, dont on pourra les extraire en agrandissant l'ouverture de leur trou au moyen d'un marteau. Spécimens en mains, il sera facile de se rendre compte de la complication de leur appareil de mastication et de s'en faire une idée exacte.

FIG. 43. — *Endocrinus atlanticus*, E. Perrier.

En certains pays, les Oursins sont considérés comme un aliment délicat, ils se vendent fort bien sur les marchés du Midi; les Provençaux surtout en sont très friands.

Tous les Échinides ne sont pas sphériques ; il en est qui sont presque elliptiques, un peu plus renflés à une de leurs extrémités et atténués à l'autre, ce sont les *Brissopsis* (fig. 44). Nous en avons dragué un très grand nombre dans les parties profondes de la Fosse de Cap-Breton. Notre ami le Dr P. Fischer, qui les a déterminés, les a rapportés a l'espèce *lyrifer*, mais il a reconnu en même temps qu'ils constituaient une variété nouvelle, qu'il a désignée sous le nom de *Biscayensis*. Elle se distingue du type en ce que sa fasciole péripétale est plus étroite, sa forme plus ovale, sa région sous-anale plus rostrée ; ses baguettes sont courtes et d'un faible diamètre.

Fig. 44. — *Brissopsis lyrifer* var. *Biscayensis*

Nous avons également dragué sur les mêmes points des *Echinocyamus pusillus*, des *Amphiura*, des *Asterocanthion*, des *Echinus*, et nous sommes certains que d'autres espèces encore peuvent se trouver dans les mêmes parages.

Une forme essentiellement particulière et divergente, que nous trouvâmes avec le *Travailleur*, à quelque distance de notre côte et de celle d'Espagne, un peu au sud de la Fosse de Cap-Breton, est celle des *Calveria*. Ce curieux Échiné est plat et son enveloppe au lieu d'être solide est molle, c'est plutôt une membrane qu'un test. L'espèce, qui fut trouvée par mille mètres de profondeur environ, était nouvelle ; on lui imposa le nom du commandant du bâtiment qui venait de la draguer, c'est la *Calveria Richardi*. Il est donc assez facile de se la procurer, et en allant la pêcher sur les fonds où elle se trouve, on prendra en même temps une foule d'autres organismes.

Les *Holothurides* font aussi partie des Echinodermes, les genres en sont nombreux et les espèces également ; on en trouve d'énormes : nous en avons pêché, à bord du *Talisman,* qui mesuraient plus d'un demi-mètre de longueur.

Quelques-unes sont comestibles ; en Provence, on estime singulièrement celles qui s'y pêchent et les Chinois considèrent le *Trépang*, qui n'est rien autre qu'une conserve d'Holothuries et qui constitue l'élément principal de potages ou de ragoûts, comme un mets délicieux suivant leur goût.

On pourra, pensons-nous, trouver assez aisément parmi les algues, les cailloux et dans les sables des rivages de Biarritz et de ses environs, des *Synapta*, des *Mulleria,* des *Psolus ;* mais certainement on en rencontrera dans les parcs à huîtres de l'ancien étang d'Ossegor à Cap-Breton, où nous en avons vu de très belles et très brillantes comme couleur. Une espèce fort rare, et que l'on croyait méditerranéenne, a été prise par nous dans la Fosse, c'est le *Cucumaria pentactes* (fig. 45).

Les Holothuries ont la bouche entourée de tentacules; elles n'ont pas de test, mais contiennent des spicules calcaires dans l'épaisseur des téguments; elles rampent à l'aide de leurs tubes ambulacraires, terminés par des ventouses.

Les Synaptes (fig. 46), qui s'enfouissent dans le sable, n'en ont pas, elles possèdent seulement de véritables petites ancres calcaires, à l'aide desquelles elles se déplacent.

Toutes les pêches sont assurément intéressantes; elles ont toutes beaucoup d'attraits et les charmes qu'elles présentent sont également vifs. Le but atteint, celui qui s'y livre éprouve une grande satisfaction des captures qu'il a fait, quel que soit l'animal dont il s'empare; mais cette satisfaction est bien plus grande, si cet animal fait partie de la catégorie qu'il recherche. Cependant il est des pêches qui flattent davantage, ce sont celles dont les produits se présentent à l'œil avec de vives et brillantes couleurs, et peut-être, par-dessus toutes les autres, celles qui ont mis en défaut bien des tentatives habilement conçues et préparées avec art, celles qui avaient en vue des animaux dont les ruses ont fait échouer les coups de main les plus adroits. En effet les alternatives de déceptions et de succès qui en résultent rendent plus émouvantes les péripéties de la poursuite, les luttes de la proie contre le capteur. Bien des esprits préféreront des récoltes moins abondantes, et plus d'émotions pour les obtenir, à moins cependant qu'il s'agisse de naturalistes bien ardents,

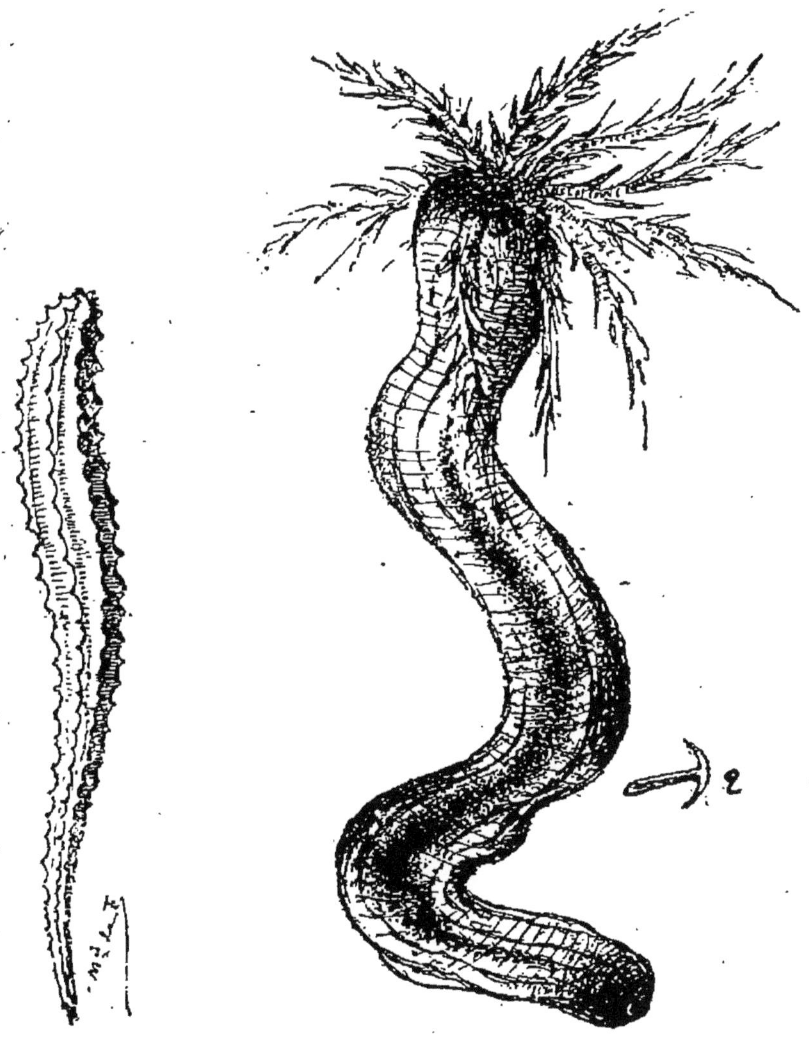

Fig. 45. *Cucumaria pentactes.*

Fig. 46. — *Synapta Duvernæa* : 2, Spicule en forme d'ancre de Synapta.

sentant plus vivement que d'autres l'importance d'un sujet rare, qui doit faire respectable figure dans leurs collections. L'excitation s'avive encore lorsqu'on a trouvé quelqu'espèce inédite et que l'on espère qu'il doit s'en trouver d'autres dans les parages où l'on opère les recherches, craignant en même temps que, par suite de quelque faute, on ait perdu des merveilles.

CHAPITRE VIII

LES VERS

Cette nouvelle série d'organismes, les Vers, qui sont répandus dans les eaux et dans le sol sous-marin, vase, sable, prairies d'Algues, sont en si grand nombre, qu'ils offriront au pêcheur d'amples récoltes à faire sans grandes peines.

I. — LES PLANAIRES

Les plus simples d'entre les Vers sont les *Planaires,* dont le corps gélatineux se cache le plus souvent parmi les éponges. Il y en a de plusieures espèces et quelques-unes d'entre elles montrent de brillantes couleurs.

II. — LES NEMERTES

Viennent ensuite les *Nemertes,* sans membres et sans segments bien apparents; parmi ceux-ci, on trouvera la *Borlasie anglaise*, très longue, élastique comme si elle était composée de caoutchouc et qui se trouvera, à Guethary, dans les petites mares qui demeurent avec quelque peu d'eau entre les saillies d'un banc de roches attenant à la plage; il est fort aisé d'aller s'y promener à mer basse et de remplir plus d'un flacon et plus d'un tube.

III. — LES ANNÉLIDES

Les Annélides errantes se meuvent avec rapidité, parmi les Algues, les *Syllis*, les *Néréides*, les *Nephtys* ont le corps allongé; chez d'autres les *Aphrodites*, il est au contraire épais et ramassé. Nous avons pris dans la Fosse de Cap-Breton de très beaux exemplaires de l'*A. aculeata*.

Parmi ces animaux, il en est qui se logent dans des tubes qu'ils sécrètent, ou qu'ils bâtissent; quelques-uns habitent des tubes souterrains, ordinairement placés dans les parties qui découvrent à chaque marée, il est facile de les trouver en fouillant le sol laissé à sec; d'autres font leurs tubes avec du sable et, s'associant parfois en colonies, soudent leurs demeures sinueuses les unes aux autres; ce sont les *Arénicoles*, les *Clymènes* et les *Terebelles* qui ont des tubes droits attachés en dessous des pierres; c'est en soulevant celles-ci que ces espèces se rencontreront.

Les *Pectinaires* ont un tube conique qu'elles façonnent de grains de sable ayant tous les mêmes dimensions et de diverses couleurs, ce qui fait que leur habitation est une véritable mosaïque qu'elles transportent avec elles.

Le tube des *Spirorbes* est enroulé en spirale; celui des *Serpules* est un produit calcaire, sécrété par l'organisme, qui le ferme, lorsqu'il se rétracte au moyen d'un opercule porté par un appendice de la tête, c'est la seule partie du corps qui sort quelque peu du tube pour laisser s'épanouir de magnifiques panaches, les branchies, au moyen desquelles elles respirent.

Les tubes sont parfois cornés et sur eux s'incrustent de petites algues et d'autres corps. A Biarritz, dans les rochers au pied du Basta, nous en avons pris un qui renfermait un exemplaire énorme et magnifique, dont le panache se déployait en ombrelle montrant les plus splendides couleurs. Nous l'avons envoyé à notre ami le professeur Ed. Perrier, du Muséum.

Les dragages dans la Fosse de Cap-Breton donnent assez souvent des fragments des roches qui surgissent en différents point de la dépression. Ils sont intéressants à plus d'un point de vue, d'abord quelques-uns montrent qu'ils sont en formation, puis ils servent de supports à bien des animaux, entre autres à des *Siponcles*, annélides qui les perforent pour se loger.

IV. — LES BRYOZOAIRES

Les Bryozoaires sont d'une récolte assez facile, bien que ce soient de fort petits animaux, si on les considère séparément, mais, lorsqu'ils sont réunis en colonies de nombreux individus, ils deviennent assez apparents pour que leur recherche ne soit pas trop difficile. En cherchant sur les plages, sur les feuilles d'algues, sur les tests de mollusques, sur les pierres, on les rencontrera sans peine.

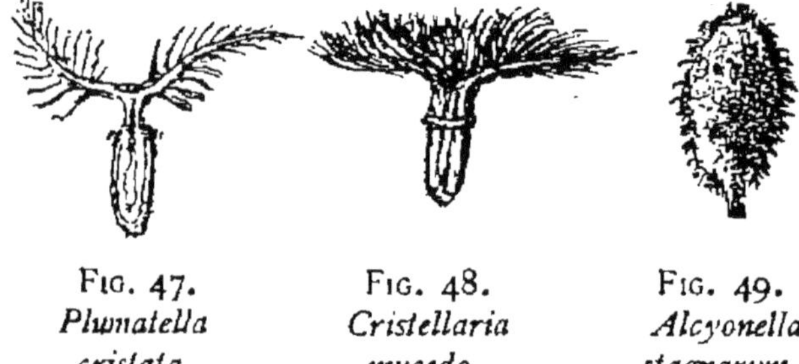

Fig. 47. *Plumatella cristata.* — Fig. 48. *Cristellaria mucedo.* — Fig. 49. *Alcyonella stagnarum.*

Le chercheur devra également s'occuper des espèces d'eaux douces, qui, comme les espèces marines, sont fort intéressantes à collectionner.

Les Bryozoaires sont divisés en deux ordres, les *Entoproctes* et les *Ectoproctes*.

Parmi les *Entoproctes*, se trouvent :

Genre *Loxosoma*. — *L. singulare* vit sur une Annélide.

Genre *Pedicellina*, van Beneden. — *P. Belgica*, van Beneden, se rencontre sur les huîtres.

Parmi les *Ectoproctes* :

Genre *Plumatella,* Lamarck. — *P. cristatata* (fig. 47) habite les étangs et les eaux stagnantes.

Genre *Cristatella*, Bœsel. — *C. mucedo,* Cuvier (fig. 48), vit dans les étangs et les marais.

Genre *Alcyonella.* — *A. stagnarum,* Lamarck (fig. 49), se trouve dans les étangs.

Les Bryozoaires, dont il va maintenant être question, appartiennent tous à des espèces marines.

Fig. 50. — *Eschara fascialis.*

Fig. 51.— *Retrepora cellulosa.*

Fig. 52. — *Flustra chartacea.*

Genre *Eschara*, Lamarck. — *E. foliacea,* Lam. et *E. fascialis* (fig. 50). Indépendamment de ces deux espèces, nous avons trouvé : *E. elegantula,* d'Orbigny, dans la Fosse de Cap-Breton.

Genre *Retepora.* — *R. cellulosa,* Lamarck (fig. 51), se trouve fixée aux pierres, aux galets et autres corps durs submergés.

Genre *Cellepora.* — *C. Spongites,* Linné, est méditerranéenne, jusqu'à ce que quelque heureux chercheur la découvre sur nos côtes, ce qui est fort probable, de même que pour les :

Genre *Flustra.* — *F. foliacea*; *F. chartacea* (fig. 52), prise à Hendaye; *F. papyracea*; *F. telacea.*

CHAPITRE IX

LES ACARIENS

Les Acariens sont de petits animaux dont la recherche est assez difficile.

C'est en recueillant des algues, ramassées sur les rochers que le jusant laisse à sec, ou prises dans les flaques d'eau qui demeurent à basse mer, en les lavant et en les agitant dans une cuvette d'eau bien pure que l'on obtiendra des individus de cet ordre d'animaux.

Lorsqu'on a bien lavé les algues, on ramasse au fond de la cuvette les Acariens qui vivaient sur elles, en se servant d'une loupe afin de n'en point laisser, ceux que l'on négligerait seraient peut-être les plus intéressants; après les avoir soumis à un bain d'alcool, on les monte sur des plaques de verre, disposition qui permet de les examiner facilement au microscope.

Il y a d'autres espèces d'Acariens, dans les eaux douces.

On en trouve également, à terre, dans les mousses, les poussières, les moisissures, les bois pourris, les fumiers, etc.

Enfin ceux qui sont parasites de l'homme, des Mammifères, des Oiseaux, des Poissons, des Insectes.

CHAPITRE X

LES CRUSTACÉS

Une des pêches les plus faciles à faire est celle des Crustacés, elle est en même temps une des plus amusantes, par cette raison que quelques espèces sont très abondantes et qu'on peut en prendre non seulement comme butin zoologique, mais aussi les traiter en comestibles et s'en régaler. Ces animaux ne se laissent pas prendre sans faire bien des efforts pour échapper à la poursuite dont ils sont l'objet; pour bien réussir, il est nécessaire d'acquérir quelque habitude dans chacune des pêches qui les concernent.

Les Crutacés sont les animaux que l'on nomme *segmentés*, ils ont été ainsi appelés parce que leur corps est divisé en segments, qui sont placés bout à bout et dont l'ensemble les recouvre d'une véritable armure. Chaque partie a quelque mobilité et son ensemble, la carapace, est suffisamment protectrice. Elle ne l'est cependant pas complètement et, malgré sa dureté, elle n'est pas à l'abri des coups que lui portent quelques poissons, et même certains mollusques.

Ainsi les Céphalopodes, armés d'un bec corné très puissant, viennent assez facilement à bout d'ouvrir Crabes, Langoustes et Homards pour les dévorer, une fois la brèche établie. C'est toujours en frappant sur la tête qu'ils opèrent, leur instinct leur faisant comprendre que c'est là que se trouve un des principaux sièges de la vie.

Les Crustacés ne sont pas tous pourvus de carapaces et il en est qui se présentent sous des formes bien différentes de celles que l'on considère en général comme les caractérisant.

On les a divisés en deux groupes principaux :

1° Les *Malacostracés* ou Crustacés supérieurs, comprenant l'ordre des *Podophtalmaires* et celui des *Edriophtalmaires;*

2° Les *Entomostracés* ou Crustacés inférieurs, ainsi nommés parce que l'on a supposé qu'il pouvait bien y avoir une certaine analogie entre eux et les insectes; ils se divisent en quatre ordres : 1° celui des *Phyllopodes;* 2° celui des *Ostracodes;* 3° celui des *Copépodes* et 4° celui des *Cirrhipèdes.*

I. — LES MALACOSTRACÉS OU CRUSTACÉS SUPÉRIEURS

Quelques-unes des espèces appartenant au premier groupe fourniront de bien amusantes captures à faire, lorsqu'on pêchera à pied à mer basse jusqu'à ce que le flot arrive et en remontant avec lui jusqu'au rivage. Au moyen d'un petit troubleau ou avanneau, on fouillera partout dans les Algues, les flaques et les petites nappes d'eau, demeurées dans des dépressions du terrain ou des rochers ; à chaque fois que l'on retirera le filet pour en examiner la poche, on y trouvera, presque toujours, au moins souvent, bon nombre de ces petites bêtes que l'on nomme communément des *Crevettes*, *Crangons*, *Salicoques*, *Palœmons*, ces derniers surnommés *Bouquets*, en raison de ce qu'ils constituent un délicieux régal; en quelques lieux, par corruption, on les dit *Bouquetins* et parfois *Boucs*.

Le naturaliste, qui examinera à fond le contenu de son appareil de pêche, trouvera bien d'autres espèces, parmi lesquelles quelques-unes seront intéressantes à considérer, telles que des *Caprella*, qui ont été ainsi désignées par la raison qu'elles se présentent avec un certain aspect de biques maigres, allongées, prêtes à s'élancer pour porter une sorcière au sabat; des *Nymphons*, créatures encore plus grêles et qui le paraissent d'autant plus qu'elles sont pourvues de longs membres s'étendant comme pour les allonger encore ; des *Anthura*, un peu plus gracieuses, des *Alphœus* dont les mains ressemblent à des massues ; des *Gammarus* et des *Talitres*.

Mais pour faire d'abondantes captures de ces derniers, au cas où l'on voudrait se pourvoir de toutes les espèces habitant la localité où l'on pêche, il suffira d'enfermer dans une boîte en bois ou dans un panier quelques restes d'animaux, des os sur lesquels demeurent quelques débris de viande, des intestins de volaille, des têtes de poisson, ou bien un animal dont on voudra avoir le squelette admirablement préparé. On immergera contenant et contenu au pied d'une calle, d'un quai ou d'une roche ; on laissera passer la nuit par dessus, et lorsqu'on visitera le piège le lendemain matin, il est à peu près certain qu'on pourra s'emparer d'un grand nombre d'individus.

Mais il faut prendre de grandes précautions pour qu'ils ne s'échappent pas, c'est une gente d'une grande vivacité et qui sait fuir.

Il n'y a du reste pour s'en assurer qu'à les observer sur certaines plages, cherchant dans le sable sur les laisses de hautes mers, tout ce que le flot y a apporté et qui leur paraît bon à manger. Car ils sont également très voraces et il semble à les voir s'agiter et se disputer ces maigres restes abandonnés, délaissés de tous ceux qui cherchent à vivre, que la mer devenue tout à coup stérile ne peut plus les nourrir, qu'ils s'en échappent en affamés pour se répandre sur de plus riches terrains où ils trouveront de la pâture. Ou bien sont-ils attirés par les odeurs que répandent des commencements de décomposition et sont-ils de ceux-là qui comptent sur les morts pour vivre.

On les voit parfois par milliers, sautant sur le sable, ce qui les fait aussi désigner sous le nom de *puces de mer*.

C'est d'une autre façon qu'il faut pêcher ou plutôt faire la chasse aux Crabes, moins nombreux que les Crevettes et les Talitres, mais cependant assez communs pour que l'on puisse en faire d'assez bonnes récoltes. Ils doivent être cherchés, car à mer basse ils se tiennent presque toujours dans des retraites qu'ils choisissent telles qu'ils n'y sont pas en vue. En soulevant les pierres, les amas d'algues, il s'en échappera, sans nul doute, des représentants de plusieurs espèces, qu'il faudra saisir rapidement avant qu'ils ne soient loin et qu'ils se soient glissés en un refuge qu'ils connaissent d'avance.

On les étreint entre deux doigts par le milieu de la carapace, en ayant garde de ne pas donner de prise à leurs pinces, car s'ils parvenaient à mettre la main, c'est bien le cas de parler ainsi, sur quelque partie de la vôtre, il est probable que vous laisseriez la bête, et que, sans s'attarder à vous serrer plus fort, elle lâcherait prise, tomberait sur le terrain et n'attendrait pas pour fuir que vous soyez baissé de nouveau et que vous soyez prêt à la reprendre.

Quand on pêche les Crabes, il est donc nécessaire d'avoir un panier et d'y introduire le plus vite possible l'animal que l'on a pu tenir entre ses deux doigts. C'est pour les Crabes d'une certaine taille que ceci est dit, les petites espèces ne sont guère en état de faire assez de mal pour qu'on les abandonne.

En procédant ainsi qu'il vient d'être dit, on prendra des *Xanto*, des *Maïa*, des *Inachus* aux longues pattes grêles, des *Platyonychus*, des *Portunus*, etc., dont quelques-uns peuvent parfaitement se manger.

Et puisqu'il s'agit de proies comestibles, disons que, si l'on peut s'approcher de roches que la basse mer isole à Biarritz, on n'a guère dans ce cas que le *Cachao* (la grosse dent) et le groupe situé près de la villa Marbella ; en fouillant avec soin les creux, crevasses, anfractuosités, couloirs, qui s'enfonçent au sein de la masse, il se pourrait qu'avec de longs crochets, étant bien favorisé, on ait la chance d'arracher de son calme une pauvre langouste que le hasard y aurait amenée, un homard, un crabe tourteau. Il y en a, la chose est certaine, mais ils préfèrent demeurer dans les rochers du large, où on les prend cependant, au moyen de paniers, sortes de nasses dans lesquelles un appât les attire et d'où ils ne peuvent plus sortir une fois qu'ils y sont entrés.

Mais si à Biarritz la situation est telle, il n'en est pas de même partout, et si le chercheur se trouve en quelque lieu où la mer en descendant laisse à une certaine distance au large des bancs qui assèchent et, si sur ces bancs se trouvent des amas de roches, il pourra s'emparer de quelques-unes de ces belles bêtes.

Les bateaux chalutiers, qui vont pêcher sur les fonds poissonneux situés au large de Contis, rapportent toujours d'assez nombreux sujets d'un joli crustacé, le *Nephrops Norwegicus ;* on pourra facilement en obtenir d'eux.

Un fort curieux animal, cuirassé sur le thorax mais dont l'abdomen demeure mou, s'introduit, pour se protéger, dans un test vide de mollusque gastéropode et s'y enfonce en pénétrant jusqu'aux premiers tours de la spire ; il a soin de le choisir assez vaste pour pouvoir s'y abriter en entier. C'est le *Pagurus,* nommé communément *Bernard l'Ermite ;* il y en a plusieurs espèces. Il peut se rencontrer dans les pêches qui se feront sur les plages; nous en avons pris souvent dans la Fosse de Cap-Breton.

Nous avons également ramené du fond de cette dépression un crustacé des plus singuliers par sa conformation, qui ne consiste pour ainsi dire qu'en de très longues pattes et qui appartient à la famille des *Pycnogonides,* c'est le *Nymphon gracile.* Il est tellement original que sa capture vaudrait à elle seule un dragage.

Dans la Fosse de Cap-Breton habite une très curieuse espèce, qui, jusqu'au moment où nous l'avons capturée, était regardée comme un des types spéciaux à la Méditerranée, c'est le *Lambrus Massena.*

Notons également de la même provenance une espèce curieuse par sa forme, le *Scyllarus arctus*, puis la *Porcellana*, dont on y trouve deux espèces.

Enfin, trois autres qui étaient inédites lorsque nous les avons draguées en 1876, *Ebalia chiragra* (fig. 53), *Bodotria ferox*, *Cuma Folini*.

Assurément sur les mêmes fonds il s'en trouve encore d'autres qui sont dans ce cas et qui restent à découvrir.

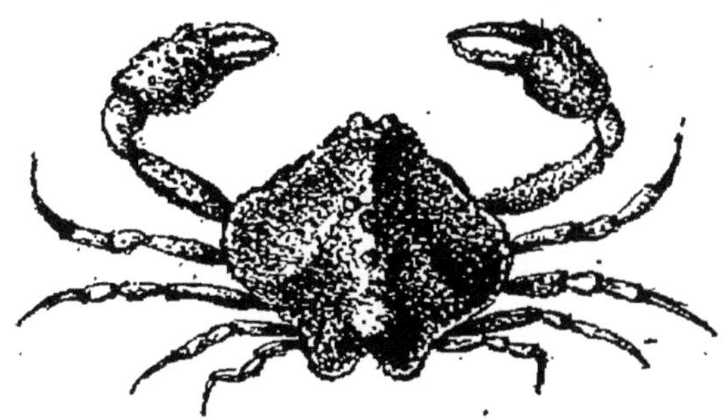

FIG. 53. — *Ebalia chiragra*, Fischer.

En explorant les eaux douces et saumâtres qui se trouvent dans les environs de Biarritz, le chercheur un peu actif découvrira de très jolies espèces de crustacés.

D'abord, l'élégante *Caradina Desmaresti*, qui vit dans les belles eaux de la Nive et dans celles du lac de la Négresse.

Des *Gammarus* pourront être pris dans les mêmes eaux, aussi bien que dans les petits ruisseaux et surtout dans les fontaines. Il s'en trouve une au sommet de la montagne appelée Mondarrain, dans laquelle on pourra prendre une espèce appartenant à ce genre et qui présente cette particularité qu'elle n'a pas d'analogue en France ; elle ne peut être rapprochée que d'une espèce du lac Baïkal, c'est le *Gammarus Berrilloni*, et c'est un naturaliste de la Faculté des Sciences de Marseille qui l'a décrit à notre demande et qui nous a fait connaître l'analogie.

Dans les fontaines, dans les puits, dans les mares même, d'autres récoltes pourront se faire, car bien d'autres espèces encore y vivent.

Un fait assez particulier, c'est que les eaux de la région, malgré leur abondance et leur beauté, ne nourrissent pas d'*Astacus*.

Un seul petit espace sur la rivière Laurhibarre, près de Saint-Jean-Pied-de-Port, est privilégié : on y trouve des écrevisses ; l'excursion que nécessiterait une pêche de ces crustacés vaut la peine d'être faite, le pays est charmant, il s'y trouve des sites ravissants, de plus, il est situé en plein territoire basque.

II. — LES ENTOMOSTRACÉS

L'ordre des *Phyllopodes* ne comprend guère que des animaux habitant les eaux douces, *Branchipus*, *Artemia*, *Apus*, *Limnadia*, *Daphnia*, *Lynceus Polyphemus*, *Leptodora*.

Les lacs de la Négresse ou de Mouriscotte, de Brindos, de Marion, de Chiperta et de la Barre, présenteront de fort agréables excursions à faire pour se procurer ces petits crustacés.

Ils pourront être pêchés des bords mêmes, au moyen d'un petit filet en gaze de soie envergué sur un cercle de fil de fer et emmanché au bout d'une canne. Il suffira de le promener à la surface de l'eau, particulièrement aux endroits où les algues du fond s'étalent à la surface. Du filet, on les fera passer dans un flacon à large col renfermant de l'alcool ; puis, de retour chez soi, on les retirera pour les déterminer, les replonger dans des tubes avec alcool et les étiqueter.

Parmi eux, on trouve d'assez singulières espèces et l'examen de la plupart donnera lieu sûrement à plus d'une cause d'étonnement. Les surprises seront bien plus grandes encore, si on observe ces petits animaux s'agitant chez eux et se livrant à toutes les manœuvres, au moyen desquelles ils assurent leur existence.

Le second ordre, qui offrira bien plus d'intérêt dans les recherches à faire pour se procurer les espèces qui en font partie, est celui des *Ostracodes*.

Ces animaux sont curieusement enfermés dans deux valves ; ils les ouvrent à volonté pour laisser passer les membres ou appendices, qui sont disposés par paires et qui leur servent d'antennes, de mâchoires et de pieds pour se mouvoir. Lorsque ces valves sont refermées, le petit crustacé ressemble à une mignonne coquille de mollusque ; c'est à cette analogie que l'ordre doit son nom.

Les recherches à la mer en fouillant les algues, les sables, les vases, et les sables vasards dragués, fourniront comme résultats des espèces curieuses par leurs formes ; nous en citerons quelques-unes et nous commencerons par celle qui est une des plus remarquables de l'ordre et que nous avons découverte dans la Fosse de Cap-Breton, le *Philomedes Folini*, que l'éminent carcinologiste, Dr H. Brady, a eu l'amabilité de nous dédier ; puis les espèces du même genre, de taille un peu moins grande, *P. Groenlandica* et *P. interpuncta*, habitant les mêmes fonds, aussi bien que l'*Asterope Mariæ*, de forme très élégante, et tant d'autres qui assurément causeront des émotions dès qu'on les apercevra sous le verre de sa loupe. Comme nous avons vivement éprouvé ces émotions, nous pensons bien qu'elles seront senties de même par tout chercheur un peu ardent.

Ce n'est pas seulement dans des dragages que les Ostracodes peuvent être recueillis, mais aussi en les pêchant au moyen d'un avanneau de gaze un peu solidement emmanché, que l'on promène dans les amas d'algues, comme si on voulait les faucher.

Les Ostracodes des eaux douces ne sont pas moins intéressants que ceux qui habitent la mer.

Nous devons mentionner une très jolie et très élégante forme, que nous découvrions dans le lac de la Négresse, en même temps que M. Brady la trouvait en Angleterre : c'est le *Darwinella Stewensoni*. De forme allongée, il semble taillé pour une marche rapide ; clair comme du cristal, son test brillant le recommande également ; c'est une excellente trouvaille à faire.

Dans les clairs ruisseaux, le *Cypris reptans* est à observer ; on l'aperçoit facilement, parce que son test est brillant et marbré et puis parce qu'il s'agite sans cesse en des mouvements vifs, rapides, brusques parfois, ce qui en fait un charmant sujet de contemplation. Il y a aussi plusieurs autres espèces de Cypris, le *Cypris bispinosa* (fig. 54) entre autres qui ne se trouve que rarement en France et qui se rencontre dans une sorte de mare, dans les Pignadas de la rive droite de l'Adour, sur l'emplacement où ce fleuve passait autrefois et qu'on nomme le lac de Lahoune. Par sa forme, qui rappelle un peu le test d'un Mollusque Ptéropode (Cavolina), et par sa taille relativement énorme, cet Ostracode vaut bien la peine qu'on aille le chercher dans l'espèce de désert où il habite.

Fig. 54. *Cypris bispinosa.*

C'est en effet au milieu des pins, plantés sur une des dunes qu'ils ont fini par fixer, que par places on rencontre des dépressions servant de réservoirs aux eaux, qui imprègnent les sables après les pluies, mais que ceux-ci ne peuvent retenir longtemps. C'est dans ces contrebas qu'elles s'amassent et beaucoup de ceux-ci jalonnent encore le cours de l'ancien Adour, alors qu'il allait rejoindre l'Océan au Vieux Boucau ou à Cap-Breton. On les nomme *lacs*, mais assurément aucune de ces mares n'a droit à ce nom. Cependant toutes sont bien situées pour mériter qu'on leur porte quelqu'attention. C'est à l'ombre de ces pins maritimes (fig. 55), qui sont aujourd'hui soumis à une exploitation lucrative qu'on les trouve. Leurs surfaces toujours calmes et tranquilles reproduisent les images de ces arbres, tandis que, sur les bords, des touffes d'ajoncs, de bruyères et d'autres plantes colorent leurs marges des teintes variées de leurs fleurs. Ce sont vraiment des solitudes ces forêts de pins, qui poussent sur un sol de sable, venu de la mer, conservant quelque âpreté de son origine, ne nourrissant qu'un petit nombre de plantes dont les parfums se ressentent des effluves marins que le vent charrie à travers les milliers de troncs résineux dont la sève sature l'air de l'odeur salutaire qu'elle répand. Mais c'est surtout celle d'un petit œillet, que son humble port maintiendrait ignoré, s'il ne se révélait par son parfum, il embaume tous les espaces où il croît et c'est à l'infini qu'il se montre pour exhaler sa délicieuse senteur. Combien est grand le calme de ces solitudes, où la voix humaine ne se fait pas entendre ; les rares villages sont au loin ; quelques oiseaux laissent seuls percevoir quelques sons : la tourterelle y roucoule par moments, le pic frappe de son bec les troncs d'arbres, le bec-croisé arrache aux pignons les graines qu'ils renferment, les grenouilles croassent aux bords des mares.

Ces seuls bruits signalent la vie en ce désert,

FIG. 55. — Mare dans les Pignadas.

et, lorsqu'ils cessent, la brise seule soupire en

passant à travers les feuillages ; ces soupirs deviennent même des clameurs quand soufflent les vents d'Ouest, venant du large, après avoir soulevé hautes comme des montagnes les vagues qui déferlent sur les plages.

Les moments que l'on passe dans les Pignadas sont d'une nature à part, on y vit différemment qu'ailleurs, on y respire mieux, l'esprit sent plus largement, les idées s'étendent et s'envolent en contemplations. Le poète doit y être inspiré et le penseur y éprouver quelque chose d'analogue, comme impression, à ce que produit la vue de l'Océan, quand pour la première fois les yeux se portent sur son infini. En un mot, c'est la solitude et si elle a séduit bien des solitaires, c'est qu'elle a ses charmes et ses enivrements.

Parmi les *Copépodes*, qui forment un ordre très divisé par ses sous-ordres et ses nombreuses familles, les uns habitent dans les eaux douces, le plus souvent stagnantes, les autres dans la mer ; un grand nombre vit en parasites.

Les premiers se pêcheront avec un petit troubleau en gaze ; les autres devront être recherchés sur les poissons d'eau douce et de mer : on les trouvera adhérents sur la peau, et quelquefois sur les branchies de ces animaux.

Nous citerons les *Cyclops* (fig. 57), les *Cyclopsina*, les *Longipedis*, les *Harpactícus*, les *Zaus*, les *Irenœus*, etc.

Puis les *Caligus* qui vivent sur les Trigles, les

Turbots, les Carrelets, les Saumons, etc.; ce qui est assez curieux, c'est que ce parasite en porte lui-même un autre, un Trématode.

Les *Trebius* et les *Dinematura* se rencontrent sur les Squales.

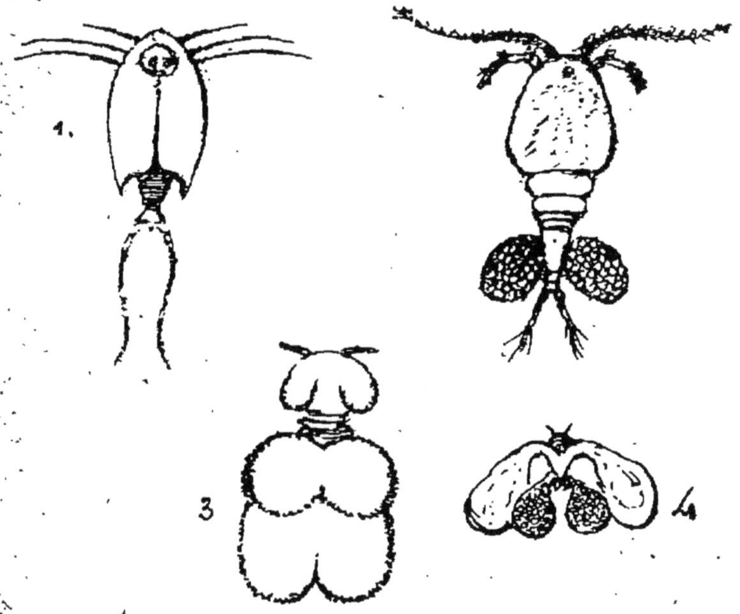

FIG. 56 à 59.
1. *Apus cancriformis.* — 2. *Cyclops quadriformis.* — 3. *Lœmargus muricatus.* — 4. *Nicothœ* du homard.

Les *Cecrops* habitent les Branchies du Thon; il sera facile de s'en procurer, lorsque les bateaux qui font la pêche de ce poisson reviendront de la mer.

Il arrive assez souvent à Biarritz que les marins ramènent des *Orthogariscus mola;* sur leur peau se trouve le *Lœmargus muricatus* (fig. 58), qui s'y accroche au moyen de fortes griffes, et y étale les lobes de sa carapace.

Sur le même poisson se trouve le *Penella,* qui se reconnaîtra facilement par un long appendice terminé en forme de plume.

Les Merlus, assez communs dans la Fosse de Cap-Breton, fourniront des *Lernœa* et des *Anchorella.*

Bien d'autres genres encore pourront être recueillis; il suffit de dire qu'ils se trouveront, si l'on prend soin d'examiner les animaux sur lesquels ils vivent.

N'oublions pas, dans le sous-ordre des Branchiures, les *Argulus,* qui vivent sur les Cyprinoïdes.

Dans l'ordre des *Cirrhipèdes,* le chercheur trouvera de curieux spécimens, qui, par la disposition des valves calcaires qui protégent l'animal, lui causeront quelque surprise et la satisfaction de les posséder.

Sur les pierres, les roches, les quais, les jetées, presque partout, se trouvent les Balanes, *Balanus,* dont on compte plusieurs espèces. En observant l'animal, si on le maintient dans l'eau, on le verra agiter ses pieds, au nombre de six, dont les dernières articulations sont pourvues de cils vibratiles, soies et poils, au moyen desquels il produit autour de lui de petits courants qui lui amènent sa nourriture et lui servent à la saisir.

On trouve également sur les roches, où ils peuvent être capturés quand elles découvrent, les *Pollicipes,* généralement réunis en groupes de nombreux individus. Le *Pollicipes cornucopia, Pouce-*

pieds, que l'on nomme à Biarritz *Operne*, y est considéré comme un excellent manger ; les Biarrots en font un si grand cas, qu'ils disent que, lorsqu'on en a goûté, on ne veut plus quitter le pays.

Les *Lepas* ou *Anatifes*, dont on connaît plusieurs espèces, sont très répandus dans nos mers, mais ils ne se rencontrent qu'accidentellement, dans certaines circonstances; il faudra donc profiter de celles qui s'offriront.

L'Anatife s'attache par un pédoncule souvent très long, nous en avons observé qui mesuraient plus de 30 centimètres de longueur, aux corps flottants, aux carênes de navires, aux bouées, aux épaves, et, lorsqu'il en vient à la côte, on est à peu près certain de les trouver en partie couvertes par ces Crustacés, dont les valves calcaires sont d'un blanc éclatant sur la plupart des espèces.

En draguant dans la Fosse de Cap-Breton, nous avons ramené le *Pyrgoma anglicum*, seule espèce de nos mers du genre *Pyrgoma*, il se rencontrera fixé sur de vieux tests de Mollusques ou sur des fragments de roches que la drague rapportera. Les mêmes opérations procureront également un autre genre, représenté chez nous par une seule espèce, le *Verruca stromia*.

Sur les carênes des bâtiments qui sont restés longtemps sans être nettoyés, se trouveront des *Conchoderma*, en compagnie des Anatifes. Nous en avons pris plusieurs exemplaires, greffés sur des tiges de Penella, que nous avions trouvés sur un *Orthogariscus mola* (Poisson-lune) d'une dimension énorme.

Si par hasard, ainsi qu'il arrive parfois, un grand cétacé, baleine, baleinoptère, cachalot, ou autre, venait s'échouer sur la côte, il faudrait le visiter, pour prendre attachés sur sa peau des *Coronules*, qui sont des cirrhipèdes d'autant plus intéressants à se procurer que l'occasion d'en recueillir est plus rare. Il est cependant possible d'en obtenir en s'adressant à des baleiniers.

Appartiennent également au même ordre un assez grand nombre d'autres genres, qui seront facilement reconnus aux enveloppes calcaires à plusieurs valves abritant l'animal. Nous n'en citerons que quelques-uns : le *Platylepas* à douze valves ; le *Scalpellum;* l'*Anclasma,* qui vit sur les squales ; l'*Alcippe,* qui se trouve dans les coquilles de mollusques ; le *Peltogaster ;* le *Sacculina.*

Les crustacés peuvent se conserver dans l'alcool et même à sec, après un certain temps de séjour dans ce liquide.

CHAPITRE XI

LES INSECTES

I. — LES COLÉOPTÈRES

La chasse des Coléoptères est fort attrayante. Pour la faire, il faut être muni d'un filet de gaze, envergué sur un cercle de fil de fer, emmanché sur un roseau ou sur un bambou. On se sert aussi d'un parapluie, que l'on ouvre et qu'on renverse au-dessous des feuillages ; ceux-ci étant secoués, les insectes tombent dedans et il n'y a plus qu'à les saisir pour les insérer dans un flacon de chasse, contenant de l'alcool mêlé à un peu d'essence de thym.

Il faut, dans les prairies, faucher les herbes avec le filet; dans les bois, agiter les ramures et inspecter les troncs d'arbres ; il faut chercher un peu partout, sous les pierres, sous les feuilles mortes, dans les bois qui se pourrissent, sur les routes au soleil, et même, ceci est moins gracieux, dans les fientes. Mais, en revanche, les fleurs qui seront examinées offriront souvent des captures des plus belles, car généralement les espèces qui viennent y butiner sont revêtues de brillantes couleurs, souvent métalliques.

Par leurs formes, par leurs couleurs, par les particularités que présentent certains genres en raison des fonctions qu'ils doivent remplir, par les dispositions des teintes qui sur leurs cuirasses présentent souvent des dessins élégants, des taches symétriques composant une ornementation brillante, les coléoptères donnent assurément aux chercheurs des sujets d'émotions qui parfois font naître l'enthousiasme. L'admiration pour certains de ces petits êtres est si naturelle, que l'esprit se passionne à leur vue, que l'on court à leur poursuite sans songer aux peines et aux fatigues qui peuvent s'en suivre. Du reste, c'est le même effet qui se produit, toutes les fois qu'il s'agit de se procurer une espèce ou un spécimen dont la possession doit procurer joie et satisfaction.

Le plus grand des insectes de France, tout le monde le connaît, c'est celui qu'on nomme vulgairement *Cerf volant (Lucanus)* et dont les mâles portent sur leur tête de très longues cornes ou mandibules.

Du même groupe sont les *Dorcus,* les *Platycerus* et les *Sinodendron*.

A leur suite, viennent les *Scarabéides*. Mais pour

suivre l'ordre généralement adopté, nous devons citer en premier lieu :

Les Cicindelles, puis en suivant les Carabides, les Dytiscides, les Cyprinides, les Staphylinides, les Silphoïdes, les Histérides, les Cryptophagides, les Dermestides, les Scarabéidés, les Téléphorides, les Clérides, les Anobiides, les Ténébrionides, les Curculionides, les Longicornes, les Endomychides, les Coccinélides. Parmi ces derniers, nous dirons le bien joli nom que les Basques donnent à l'une de ses espèces ; ils l'appellent *Kathalin-Gorry* (Catherine rouge) et nous *bête au bon Dieu*.

II. — LES HÉMIPTÈRES

Les Hémiptères jouissent, paraît-il, de moins de considération que les Coléoptères.

On les divise en trois groupes : *Hetéroptères*. — *Homoptères*. — *Sternorhynques*.

Les *Hetéroptères* comprennent deux sections : les *Géocorises* et les *Hydrocorises*.

Les *Homoptères* comportent comme familles les Fulgorides, les Tettigométrides, les Membracides, les Ulopides, les Lébrides, les Tettigonides, les Cercopides et les Cicadides.

Les *Sternorhynques* se divisent en Psyllides, en Aphides, et en Coccides.

III. — LES LÉPIDOPTÈRES

Les Papillons, comme on les nomme communément, sont de charmantes bêtes, à l'état de papillons.

Quand ils volent, combien ils réjouissent, combien leurs couleurs, souvent splendides, excitent de désirs, inspirent surtout celui de les contempler à loisir, de les capturer pour en venir là. Et, si vous êtes tant soit peu poète, les idées les plus riantes agiteront votre esprit lorsque votre œil suivra le vol capricieux du papillon, qui s'en va de fleur en fleur, dédaignant le parfum de celle-ci, s'éprenant au contraire de celui qui s'exhale du calice d'une autre. Et, en effet, n'y a-t-il pas là de quoi rêver, si on observe les phases d'une existence, qui doit n'avoir qu'une si courte durée.

Les enfants, plus que d'autres, sont séduits par les allures et les beautés de ces créatures ailées, qui sillonnent si vivement l'espace autour d'eux, semblant les narguer alors qu'ils lancent leurs chapeaux pour les atteindre, ou qu'ils manœuvrent le plus lestement qu'ils peuvent leur filet, mais combien peu réussissent; il faut, pour les capturer, une grande habitude de l'instrument capteur, de l'adresse, de la vivacité, de la légèreté et, pardessus tout, de la chance. Petits enfants, qui courez à la chasse des papillons et qui n'en attrapez guère, prenez patience, devenez collectionneurs et peu à peu vous acquerrez toutes les qualités qu'il faut avoir pour être chasseurs habiles.

La capture de l'une de ces merveilleuses petites bêtes, dont les ailes brillent comme des lames métalliques, tachetées d'or, d'argent, de pourpre, d'azur, est assurément une chose des plus séduisantes, des mieux faites pour exciter à l'entraînement. Nous avons raconté[1] comment l'admiration qu'excitait en nous la vue de quelques splendides espèces nous avait entraîné, aux portes de Véra-Cruz, à les poursuivre et à faire en sorte d'en abattre, en nous servant de notre chapeau, sans souci du soleil qui tapait fort sur notre crâne, sans souci du coup de bâton qu'un Indien s'apprêtait à nous octroyer sur ce même crâne, si nous ne nous étions retourné au bruit qu'il fit en trébuchant contre une racine. Pour un Indien, c'était plus que maladroit, mais il était borgne et par suite bien excusable. J'ai dit quelles furent les conséquences de ce que, insouciant, nous avions fait comme le petit Chaperon rouge, et comment nous avions échappé à la dent du loup, sous forme d'Indiens. Puis, comment sorti tout nu de leurs mains, nous retombions dans un autre danger, celui d'être foulé aux pieds d'un troupeau de bestiaux. Cette aventure explique que nous comprenons parfaite-

[1] Folin, *Bateaux et Navires. Progrès de la construction navale à tous les âges et dans tous les pays*. Paris, 1892.

ment tout le plaisir qu'on se procure en courant après les papillons.

Ces charmantes bestioles ne sont pas communes autour de Biarritz, du moins les brillantes espèces; il faudra chercher avec persistance, si l'on veut en rencontrer.

La vie de ces jolis et gracieux animaux est partagée en trois phases.

En naissant, ils sont *chenilles*, ils se transforment en *chrysalides*, enfin deviennent *papillons;* le papillon est l'animal parfait, qui par la ponte perpétue les espèces. De leurs œufs naissent les chenilles. Celles-ci sont aussi recherchées, on en fait également des collections. Vidées et soufflées elles se conservent bien. Donc il faudra les chasser aussi et, parmi elles, il y aura matière à satisfaction, car quelques-unes sont fort curieuses.

Les Papillons comprennent deux divisions, les *Rhopalocères* ou *Diurnes* et les *Hétérocères* ou *Nocturnes*.

Nous avons vu à Biarritz, mais fort rarement, des spécimens des espèces suivantes :

Deilephila Nerii; Deilephila Nicæa; Sphinx convolvuli; Acherontia atropos; Smerinthus Tiliæ; Saturnia Pyri; Chelonia Caja.

Un *Dianthecia* est assez commun et vient souvent se faire prendre par la trompe dans la fleur du *Physianthus albens*. Les organes dans lesquels elle pénètre se resserrent et le papillon demeure prisonnier.

CHAPITRE XII

LES MOLLUSQUES

Le plus souvent, les Mollusques produisent, pour protéger leurs tissus mous, comme l'indique leur nom, un *test* ou *coquille*, sécrété par le manteau qui est une partie de l'animal l'enveloppant presqu'en entier.

Cependant certains Mollusques, qui sont appelés *nus*, n'ont pas de coquille externe, ou du moins ils n'en ont qu'une fort petite relativement à leur taille; elle recouvre seulement le point où se trouve placé l'appareil de la respiration, l'organe essentiel de la vie.

Dans d'autres cas, l'embryon de coquille qui se réduit parfois à de simples granulations, ayant la même destination, est fixé au dedans des tissus.

Les tests extérieurs sont presque toujours revêtus d'une couche de matière animale, qu'on appelle *épiderme*, plus ou moins mince, transparent ou épais, et, dans certains cas, il est armé de poils ou d'appendices ressemblant à de la barbe.

Indépendamment de l'épiderme, certains Gastéropodes ou Gastropodes, ainsi qu'on dit actuellement, ont la partie postérieure de leur pied armée d'une pièce calcaire ou cornée qui leur sert à clore parfaitement l'ouverture de leurs coquilles, lorsqu'ils s'y sont renfermés : c'est l'*opercule*.

D'autres, parmi les espèces terrestres qui habitent des climats nécessitant pour eux un temps d'hivernage, ferment leurs coquilles au moyen d'une cloison généralement peu épaisse, n'adhérant qu'au test, et ils la font disparaître, lorsque, le beau temps revenu, ils s'échappent de leur retraite pour courir au pâturage.

Les Mollusques doivent être divisés en trois catégories fort naturelles, les *terrestres*, qui habitent sur terre, les *fluviatiles*, qui vivent dans les eaux douces et les *marins*, qui appartiennent aux eaux de toutes les mers et de tous les océans.

Nous nous occuperons d'abord de ces derniers, par ce que leur recherche fait partie de notre programme avec plus de droit à la priorité, que la recherche des *escargots*, comme on nomme vulgairement les petites bêtes faisant partie des Mollusques et qui vivent dans les prairies, les bois, les jardins, un peu partout autour de nous. Les espèces des eaux douces viendront à la suite des espèces marines.

Mais il y a encore une division essentielle à considérer, c'est celle qui résulte d'une configuration du test qui est simple, c'est-à-dire d'une seule pièce ou qui se compose de deux valves, rarement de plus.

I. — LES MOLLUSQUES MARINS

Les Mollusques marins forment plusieurs catégories. Ainsi que nous l'avons déjà dit, une division s'établit naturellement entre les *univalves*, les *bivalves* et ceux à *plusieurs valves*.

1. — Les Univalves marins

Les Univalves doivent comprendre :

Les *Céphalopodes*, qui se subdivisent eux-mêmes en plusieurs familles.

Les *Gastropodes*, qui sont assurément les plus nombreux et dont il faut détacher en quelque sorte la famille des *Dentalidés*, qui présente des caractères à part d'organisation et de forme.

L'ordre des *Opistobranches*, dans lequel rentrent les *Nudibranches*, dont l'appareil respiratoire se montre souvent sous des formes très bizarres et qui ne sont pourvus de coquilles que dans leur jeune âge.

L'ordre des *Nucléobranches* et enfin celui des *Ptéropodes*.

Sur les bancs de rochers, en fouillant les trous avec de longs crocs, on en retirera des Céphalopodes (Poulpes) pourvus de leurs longs bras ou tentacules armés de ventouses, au moyen desquelles ils s'attachent à la proie dont ils veulent se repaître. Il s'en trouve de fort grands et quelquefois ils peuvent devenir un danger pour le nageur.

Le Kraken des côtes de Norvège, qui, près du Malström, engloutissait les navires, est sans doute, en raison des dimensions qui lui sont attribuées, une exagération. Cependant, il y a quelques années, un de nos bâtiments de guerre, l'*Alecton*, reçut entre Ténériffe et Madère la visite d'un de ces géants qui vint projeter ses tentacules sur la lisse. Pour s'en débarrasser, il fallut les couper à coups de hache, et ce ne fut pas sans peine ; ils mesuraient 15 mètres de longueur. Sous le nom de *Pieuvre*, Victor Hugo a fait un tableau par trop fantaisiste de l'un des genres qui appartiennent aux Céphalopodes. Ils ne sont pas si monstrueux que cela et les gens qui en ont mangé ne dédaignent pas d'y revenir.

En Italie, la Seiche est un régal ; les Chipirones en sont un pour les Basques. Ces animaux servent également d'appât recherché par certains poissons.

Lorsqu'ils ne sont pas pris au crochet dans les trous de rochers, les pêcheurs les recherchent en traînant sur le fond un instrument qu'ils fabriquent eux-mêmes. Il se compose d'une ligne terminée par un petit cylindre de plomb, dont la base est entourée d'épingles, fixées par leur tête dans le plomb et recourbées en dehors sous forme d'hameçon. Ces crochets acérés en rencontrant l'animal s'enfoncent dans ses tissus et il ne peut s'échapper.

C'est sur les bancs en dehors de l'embouchure de l'Adour que les pêcheurs de Biarritz se livrent à cette pêche des Poulpes.

Les genres de Céphalopodes que l'on peut rencontrer sur nos côtes sont les suivants :

Eledona, Octopus, Histioteuthis, Omastrephes, Sepiola, Rossia, Loligo, Sepia, Parasira, Argonauta, Spirula.

Les Céphalopodes sont pourvus d'un test plus ou moins caché, dont les formes différentes ont servi comme caractères pour la classification. On connaît celui qui se place dans la cage des canaris et qui est appelé vulgairement *os de seiche*.

Les deux derniers genres, qui ne se rencontrent que bien rarement dans nos mers, ont des

Fig. 60. — Coquille de Spirula.

coquilles tout autres que celles dont nous venons de parler.

Chez l'Argonaute, la femelle seule en possède une.

La coquille des Spirules (fig. 60) se compose d'un tube conique, qui s'enroule en spirale sans soudure entre les différents tours, ceux-ci demeurant détachés les uns des autres. Elle est divisée en compartiments qui communiquent entre eux par des orifices pratiqués au milieu de chacune des cloisons séparant les divisions ; elle est blanche et très nacrée. Il n'est pas rare d'en trouver à la côte, sur les plages, lorsque le vent a soufflé fort et que la mer a été grosse. Poussé par la tempête, ce Mollusque pélagique est jeté à terre ; c'est un naufragé, dont on doit chercher les épaves.

Les Opistobranches, qui doivent être compris parmi les Gastéropodes, se divisent en deux groupes, celui des *Tectibranches* et celui des *Nudibranches*.

Dans les premiers, se rangent les *Tornatelles*, dont on trouvera des spécimens dans les dragages opérés sur les petits fonds, puis les *Bulles*, les *Acères*, les *Cylichna*, dont les espèces sont charmantes, les *Scaphander*, qui fourniront avec l'espèce *Lignarius* une curieuse observation à faire.

Ce Mollusque est pourvu d'un estomac, armé d'un appareil calcaire, au moyen duquel il brise les tests des coquilles et des petits crustacés qu'il a avalés et qu'il y a introduits. Cette pièce est proportionnellement énorme. Le *Scaphander lignarius* est une belle espèce agréablement colorée et qui doit être recherchée pour figurer dans une collection.

Il y a encore dans ce même groupe des *Philina*, dont on trouvera des représentants dans la Fosse de Cap-Breton. *P. aperta* (fig. 61) et une seconde espèce, *P. catena*, puis une troisième qui est nouvelle, *P. apertissima* (fig. 62), dont nous allons donner la description. Elles possèdent également une pièce calcaire qui complète leur estomac (fig. 63).

P. apertissima, de Folin. *Testa mediocris, P. apertæ similis sed majus lata, minus elevata, apertura majus aperta, inferne albido-marginata; Spira stricta, irregulariter striata et minutissime fossulata.*

Long. 0,008, larg. de l'ouverture en haut 4^{mm}, en bas, $5^{mm},2$.

FIG. 61. — *Philina aperta.*

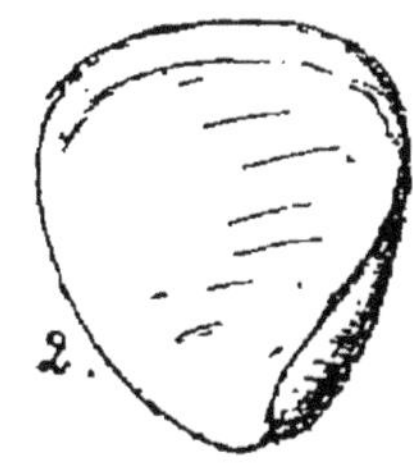

FIG. 62. — *Philina apertissima.*

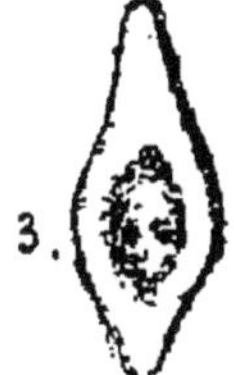

FIG. 63. — Pièce stomacale de *P. apertissima.*

Cette espèce, qui se rapproche de *P. aperta*, en diffère tellement sur plusieurs points qu'on ne pourra jamais les confondre l'une avec l'autre. Celle-ci est beaucoup moins élevée et ne montre pas la régularité de forme bien arrondie de la première, elle est irrégulièrement formée par une succession d'accroissements qui la rendent comme gibeuse sur quelques parties; ses stries beaucoup plus fines manquent parfois et sa surface paraît presque chagrinée par de très petites fossettes espacées sans ordre et assez inégales, qui ne se distinguent que très difficilement et qui sembleraient appartenir à un épiderme. La spire est plus étroite, elle se prolonge davantage pour former une sorte de columelle qui s'épaissit en formant le bord de l'ouverture. Celle-ci est très large, beaucoup plus par le bas que vers le sommet, elle est comme tronquée en sa partie inférieure ce qui lui donne une apparence trapézoïdale ; sur ce point, elle est comme bordée d'une bande que son épaisseur rend blanchâtre, ce qui la distingue du reste du test qui est transparent. Les pièces stomacales sont au nombre de deux, légèrement creusées en leur milieu et portant deux trous insérant les muscles d'attache.

Parmi les Tectibranches, on compte encore les Aplysies, communément appelés *Lièvres de mer*, les Pleurobranches, les Ombrelles, les Diphilides, qu'on trouve assez facilement dans les endroits où l'on rencontre des Algues.

Les Nudibranches, mollusques nus, ont leurs branchies au dehors, formant parfois de singuliers panaches, qui donnent à l'animal un aspect très original. Si on comparait l'ensemble des Mollusques marins à celui des Mollusques terrestres, les Nudibranches seraient représentés parmi ces derniers par les Arions, les Limaces, etc. Sur nos côtes vivent d'assez nombreux genres, dont toutes les espèces ne sont pas encore connues. C'est donc un champ de découvertes qui s'offre au chercheur et avec l'indication des genres il lui sera facile de se livrer à leur recherche.

Les *Doris* sont presque toujours de forme ovale et revêtus de couleurs assez brillantes. Citons *Doris Biscayensis*, de Fischer, ovale, allongé, de couleur jaune clair.

Goniodoris, animal oblong. *Goniodoris elegans*, animal allongé, de couleur bleue, avec une ligne jaune d'or sur le milieu et deux autres sur les côtés.

Œgirus, animal allongé, corps couvert de forts tubercules. *Œgirus punctilucens*, moucheté par de petites taches brillantes.

Polycera, animal allongé à tentacules feuilletées; à chercher sur les corallines.

Idalia, animal plus large que les précédents; à chercher également sur les corallines.

Tritonia, dont les spécimens sont assez grands, vit sur les rochers recouverts d'une assez grande profondeur d'eau.

Scyllæa, animal allongé; se rencontre, mais probablement par hasard, sur les algues arrachées et qui flottent au gré des vents.

Tethys, à forme elliptique, carnassier.

Dendronotus, allongé; habite les prairies d'algues, aux environs des rivages.

Doto, allongé; habite dans les eaux profondes où se trouvent des algues.

Eolis, de forme ovale; on peut en rencontrer, sous les pierres à mer basse, plusieurs espèces qui vivent sur nos côtes.

Phyllirhoé, animal fusiforme, translucide.

Elysia, de forme elliptique, ressemblant quelque peu aux Aplysies; se rencontre au milieu des algues.

Acteonia, animal très petit, à tête obtuse.

Limapontia, petit, à tête tronquée; vit non loin des rivages.

Les Nucléobranches nagent presque toujours à la surface des eaux, ce sont des Pélagiens qui vivent généralement au large, mais qui apparaissent quelquefois sur nos plages, lorsque les vents les tempêtes et les courants, les ont éloignés des points où ils devaient passer leur vie.

Firola, en forme en fuseau; l'espèce *F. coronata*, que l'on rencontre chez nous, demeure longtemps en vie après avoir été jetée sur le rivage.

Carinaria, animal transluscide, grand, granuleux, à coquille hyaline, à côtes atténuées et fortement carenée sur le dos.

Les Ptéropodes, ainsi nommés en raison de leurs nageoires qui leur servent aussi d'ailes ou de voiles, habitent presque toujours le large et se rencontrent partout à la surface des océans, même dans les parties les plus éloignées des terres. Cependant sous l'influence des courants et parfois des vents, ils se rapprochent forcément des côtes et viennent assez souvent y faire naufrage. Nous en avons trouvé quelques espèces dans la Fosse de Cap-Breton :

Cavolina (Hyalæa) inflexa, Cavolina trispinosa, et *Cavolina tridentata, Cleodora (Clio) pyramidata.* On peut également rencontrer des *Cleodora cuspidata* et des *Cymbulia Peronii.*

2. — Les Bivalves marins.

Parmi les *Bivalves,* il y a deux grands groupes à considérer; les *Brachiopodes,* qui ne vivent que sous une certaine profondeur d'eau, et les *Acéphales* ou *Lamellibranches,* que tout le monde connaît, puisque l'Huître et la Moule en font partie.

Ainsi qu'on peut le voir, c'est un monde considérable que celui des Mollusques, et pour le chercheur il présente beaucoup à recueillir; mais il faut savoir comment on doit chercher, et quels sont les points où il y a le plus à faire. Le collectionneur prise d'autant plus les spécimens qu'il possède, qu'ils proviennent de ses propres pêches ou chasses.

Les dragages fourniront certainement de bonnes récoltes, mais ils ne doivent pas être le seul moyen de réunir des coquilles; il faut aussi fouiller les champs de varechs et d'algues, les arracher et examiner attentivement leurs pieds toujours plus ou moins enduits de sable, de petites pierres et de formations calcaires; ce sera bien un hasard s'il ne s'y trouve pas quelques petits Mollusques, et, s'il y en a, la portion du fond sur lequel s'implantait l'algue doit être ramassée avec la main ou avec une cuiller.

Il faudra suivre sur les plages les apports laissés sur le sable par les hautes mers, et parfois on fera dans ces amas de choses toutes sortes de bonnes trouvailles.

Enfin, on devra chercher sur les roches, dans les parties que le jusant a mises à nu, où vivent des coquilles, mais seulement d'un petit nombre d'espèces, particulièrement des *Littorina*, *Phasianella* et *Patella*.

Le chercheur devra également demander aux pêcheurs de Langoustes et de Homards de lui laisser visiter leurs paniers ou nasses, lorsqu'ils reviennent de la pêche ; il s'y trouve des pierres et des herbes, et parmi elles souvent des coquilles.

Il visitera l'estomac des poissons qu'il pourra trouver au marché, et, suivant les espèces, il y rencontrera non seulement des coquilles, mais de petits crustacés non encore digérés.

A mer basse, il est nécessaire de s'aventurer aussi loin que faire se pourra, sur les plages où quelques Fucus, Zostères ou autres croissent par places ; faucher dans le tas d'algues avec un petit avanneau, ramasser de temps en temps quelques poignées de sable, en ayant soin de ne prendre que ce qui sera fourni par une épaisseur de 3 ou 4 centimètres. C'est un dragage que l'on opérera ainsi, et il suffira d'une cuillier pour l'exécuter. Le contenu du filet et le sable recueilli fourniront, ainsi que nous l'avons déjà dit, des animaux de plusieurs classes, Acariens, Crustacés, Ostracodes, Vers, etc., mais en plus, il est probable, et même à peu près certain qu'on y recueillera de petits mollusques, tels que *Rissoa*, *Nassa*, *Eulima*, *Eulimella*, *Ringicula*, *Murex*, *Cæcum*, *Littorina*, *Bulla*, *Mytilus*, *Anomia*, etc.

Parmi ceux-ci, les *Nassa* et *Murex* peuvent être regardés comme carnassiers, friands surtout de la chair de l'Huître, dont ils font une grande destruction, lorsqu'on n'arrête pas leurs déprédations en les détruisant. A Arcachon particulièrement, où on les nomme *Cormaillots*, les parqueurs d'Huîtres les poursuivent avec acharnement. C'est par milliers qu'on arrive à les réunir pour les détruire, et cependant on ne parvient pas à se débarrasser de cet ennemi. A mesure qu'un pêcheur en prend un, il tranche d'un coup de couteau le pied de l'animal et cela suffit pour qu'il meure bientôt. On ne s'explique probablement pas comment ce Gastropode parvient à faire sa pâture d'une Huître et cela quoique celle-ci maintienne ses valves étroitement serrées l'une contre l'autre. Nous allons le dire. Il s'établit sur l'une des valves, vers son centre, et y appuie fortement son pied dont il se sert pour produire des mouvements saccadés de demi-rotation ; puis au moyen de sa trompe, qui utilise ce mouvement, il perfore le test en y pratiquant un trou, qui est à peu près rond, très nettement foré; enfin il introduit complètement, entre les valves, cette trompe, qui après avoir fait l'office de foret, remplit celui de langue; c'est ainsi qu'il parvient à se nourrir d'une partie au moins des tissus du mollusque.

Il nous a été permis de mettre en lumière un fait qui n'avait pas été assez remarqué et de pouvoir en faire le caractère distinctif d'une famille de Gastéropodes, dont on ne connaissait que quelques genres. Chez les petites coquilles que nous avons ainsi groupées, les premiers tours de spire s'enroulent comme d'ordinaire autour d'un axe, mais vers le quatrième ou le cinquième, cet axe change de direction, son développement se continue, en faisant un angle avec la première direction, il en résulte que le test semble composé de deux spires. Les Mollusques, chez lesquels on avait reconnu ce changement de direction dans l'enroulement étaient appelés *Hétérostrophes*, mais cette appellation ne nous parut plus convenable alors que rien d'anormal ne se produit dans ce changement d'axe, la déviation s'opérant avec ordre, sans altération pouvant donner lieu de croire à quelque chose d'irrégulier. Il nous paraît qu'il est mieux de dire que les coquilles de cette famille sont pourvues de *deux axes* ou d'un *double axe*. L'emploi d'un terme rigoureux est d'autant plus nécessaire que la déviation parfois est à peine accusée, tandis que, dans d'autres cas, le premier axe fait avec le second un angle si aigu qu'il semble que l'animal revient sur ses pas pour produire la seconde partie de sa demeure. Ailleurs, l'angle est droit ou obtus, ou bien l'axe se recourbe seulement et le sommet du test se trouve caché sous l'évolution des premiers tours normaux.

Ce double axe est donc le caractère qui définit justement et catégoriquement la famille dont tous les sujets en sont pourvus. Nous lui avons donné le nom d'un des genres déjà connus comme possédant ce caractère, le genre *Chemnitzia* de *d'Orbigny ;* il convient parfaitement pour dénommer la famille des *Chemnitzidæ*,

En cherchant à ranger les genres connus de cette famille, nous avions remarqué :

1° Qu'ils pouvaient être séparés d'abord en deux divisions, en tenant compte de leur forme principale, celle des coquilles allongées et celle des coquilles ventrues, coniques, ou ovoïdes ;

2° Que chacune d'elles pouvait être aussi séparée en quatre subdivisions, en nous appuyant sur les caractères que présentait leur ouverture :

a. Les tests de la première division, n'ayant ni dents ni plis à la columelle ;

b. Ceux de la même division, ayant dents ou plis au même endroit ;

c. Les tests de la deuxième division, n'ayant ni plis ni dents à la columelle ;

d. Ceux de la même division, ayant plis ou dents au même endroit.

Enfin : 3° Chacune de celles-ci peut encore se partager en quatre catégories, ce qui en fait seize, et ceci d'après leur ornementation, savoir les coquilles qui sont dépourvues d'ornementation, les coquilles lisses, celles qui sont ornées longitudinalement, celles qui le sont en spirales et celles qui sont quadrillées par un croisement de l'ornementation longitudinale avec la spirale.

Cette organisation de la famille des Chemnitzidæ en seize genres, basée sur l'observation des types que nous avions recueillis, n'était encore que théorique, il nous manquait quelques genres pour compléter l'ensemble tel qu'il nous avait été suggéré par nos remarques. Mais nos recherches nous firent découvrir les formes qui nous manquaient et nous pûmes bientôt établir la classification de ces Mollusques ainsi que nous la donnons ici.

Les genres qui manquaient et que nous avons introduits sont les suivants : *Oceanida*, *Salassia*, *Ondina*, *Elodia*, *Odetta*, et *Noemia*.

Cette concordance entre ce que la théorie annonçait et ce que la nature apportait comme établissant son exactitude est également une preuve de sa valeur.

La Fosse de Cap-Breton nous a fourni bon nombre de sujets de Chemnitzidæ et en cherchant bien il est fort possible de découvrir que de nouvelles espèces s'y trouvent encore. Ce n'est qu'à force de dragages qu'on parvient à connaître une faune à fond.

CHEMNITZIDÆ — COQUILLES A DEUX AXES (deux divisions).			
1re division. Coquilles allongées subcylindriques. 2 subdivisions	1re subdivision. Coquilles sans dents ou plis à la columelle. 4 catégories.	1. Coquilles lisses.	Genre *Eulimella*, Forbes.
		2. C. à ornementation longitudinale.	G. *Chemnitzia*, d'Orbigny.
		3. C. à ornementation spirale . . .	G. *Aclis*, Loven.
		4. C. à ornementat. longit. et spir.	G. *Dunkeria*, Carpenter.
	2me subdivision. Coquilles avec un ou plusieurs plis ou dents à la columelle. 4 catégories.	5. Coquilles lisses	Genre *Turbonilla*, Risso.
		6. C. à ornementation longitudinale.	G. *Parthenia*, Lowe.
		7. C. à ornementation spirale. . .	G. *Jaminea*, Brown.
		8. C. à ornementation quadrillée. .	G. *Stylopsis*, Adams.
2e division. Coquilles ventrues coniques. 2 subdivisions.	3me subdivision. Coquilles sans dents ou plis à la columelle. 4 catégories.	9. Coquilles lisses	Genre *Oceanida*, de Folin.
		10. C. à ornementation longitudinale.	G. *Salassia*, de Folin.
		11. C. à ornementation spirale. . .	G. *Ondina*, de Folin.
		12. C. à ornementation double. . .	G. *Mathilda*, Semper.
	4me subdivision. Coquilles avec un ou plusieurs plis ou dents à la columelle. 4 catégories.	13. Coquilles lisses.	Genre *Odostomia*, Fleming.
		14. C. à ornementation longitudinale.	G. *Elodia*, de Folin.
		15 C à ornementation spirale . .	G. *Odetta*, de Folin.
		16. C. à ornementation quadrillée. .	G. *Noemia*, de Folin.

Il est surprennant que ce caractère de double axe qui spécialise si bien la famille des Chemnitzidæ n'ait pas été employé plus tôt pour opérer la réunion de tous les genres qui la composent ainsi qu'ils le sont méthodiquement, comme on peut le voir en considérant le tableau qui précède. Il est résulté de cette absence d'ordre des confusions et des attributions impropres. Pour ne citer qu'un cas, nous ferons remarquer qu'on a assez souvent rangé parmi les Odostomia des coquilles sans dents, sans s'inquiéter de ce que ce nom imprimait de caractéristique à tous ceux qui devaient le porter. Odostomia veut dire en effet, « qui a des dents », et il paraît vraiment bien excentrique de le donner à qui n'en a pas ; on aurait dû, ce nous semble, songer que ce nom formulait une loi imposée par l'auteur du genre et qu'elle ne pouvait être transgressée. Remarquons enfin cette singulière coïncidence de caractères semblables se reproduisant de quatre en quatre sur toutes les subdivisions de la famille de la même façon pour toutes et permettant d'établir des distinctions précises entre toutes les espèces.

Nous rencontrerons parfois des pointements de roches, de grosses pierres, débris de celles-ci, avec un fort marteau nous les briserons en faisant sauter de la masse de petits éclats et, si nous avons de la chance, nous découvrirons des perforations d'assez grandes dimensions qui renfermeront des *Pholades ;* ces bivalves, qui, par les mouvements demi-circulaires qu'elles impriment à leurs valves, parviennent à se creuser une demeure, même dans les pierres les plus dures. Quelques-uns les mangent et les estiment fort malgré l'odeur de phosphore qu'elles répandent; d'autres s'en servent comme d'appât pour la pêche du poisson.

Si nous ne trouvons pas de Pholades, nous nous contenterons des *Gastrochena*, qui sont également des Mollusques perforants et dont les valves bâillantes donnent à l'animal un aspect tout particulier et très caractéristique.

Nous pourrons aussi trouver, en cassant de la pierre, des *Saxicaves* et au dedans des valves de celles qui sont mortes les charmantes coquilles des *Kellia, Montacuta, Erycina*, qui peut-être bien ne se sont logées ainsi que pour y vivre en mangeant les Saxicaves.

Enfin des *Petricola*, que nous rencontrerons, offrent à peu près les mêmes conditions que les précédents.

Les pierres ramenées par les dragues présenteront les mêmes sources d'investigation à la recherche des Mollusques perforants, sauf pour ce qui regarde les grandes espèces de Pholades. Les *Pholalidea papyracea* pourront seules s'y trouver.

Si les dragages ont été opérés un peu au large, dans les sables, et dans les sables vasards qui seront ramenés du fond, on trouvera les coquilles que nous avons citées plus haut et d'autres encore.

Un autre ordre de Bivalves est formé par les *Brachiopodes*, qui possèdent pour se clore un système de fermeture très différent de celui des acéphales ordinaires. Une des valves est ordinairement perforée et cette perforation sert à laisser passer l'organe par lequel l'animal se tient attaché au fond.

Nous avons dragué les espèces suivantes dans la Fosse de Cap-Breton : *Terebratula (Terebratulina), caput serpentis ; Waldheimia cranium ; Megerlia truncata ; Thecidea Mediterranea ; Argiope decollata ; Argiope cistellula ; Crania anomalia ; Platidia Davidsoni ; Platidia anomioïdes.*

Ces deux dernières espèces étaient regardées comme essentiellement méditerranéennes. Nous les avons encore retrouvées aux abords du golfe de Gascogne avec le *Talisman.*

Passons aux Gastropodes, que les dragues rapporteront et parmi lesquels nous citerons les *Eulima subulata, bilineata, distorta* et *undulosa,* brillantes espèces, qui ont l'éclat de petits joyaux et dont la dernière, inédite, est publiée ici pour la première fois.

Eulima undulosa, de Folin.

Testa minuta, conica, acuminata, nitida ; in media parte paulo colorata, seu in rubromarmorata ; Spira, haud recta, undulosa vel flexuosa ; Anfractibus IX, satis rapide augentibus ; ultimo majusculo, dimidiam partem, longitudinis fere æquante ; Apertura subpyriformis ; Labro subacuto, margine columellare super parietem satis late, sed leviter superposito, infernè in densationem costam extenuatam simulans ad dorsum evanescens. — Long. $3^{mm},2$.

Cette espèce ressemble légèrement à l'*Eulima Parfaiti* des Canaries, par la coloration assez fugace d'une partie de sa spire, mais elle en diffère par les sinuosités que semble suivre sa columelle d'un bout à l'autre et qui la rendent comme onduleuse. Son dernier tour est également plus renflé et proportionnellement plus grand. Son ouverture n'est pas aussi élargie dans le bas, le bord externe est courbe, et s'insère sur un épaississement assez large qui recouvre la paroi aperturale jusqu'à la columelle. Sur ce point, il s'enfonce au-dedans de la coquille, mais en même temps le bord columellaire qui semble naître d'une tuméfaction allongée faisant un angle assez notable avec l'épaississement, s'abaisse encore et se recourbe pour aller rejoindre le bord externe. Cette tuméfaction ayant quelque peu l'apparence d'une costule constitue un caractère important. Cette espèce habite la Fosse de Cap-Breton.

Citons encore des *Odostomia*, des *Chemnitzia*, des *Eulimella*, des *Pleurotoma*, des *Cyclostrema*, des *Adeorbis*, des *Ondina*, des *Scalaria*, etc.

Dans la Fosse de Cap-Breton, les récoltes seront plus intéressantes encore. On y trouvera des spécimens des plus grands Gastéropodes de notre pays, *Ranella* et *Triton*, mais s'ils ne se rencontraient pas dans les dragages qu'on y exécuterait, il serait facile de s'en procurer à bord des bateaux à vapeur, chalutiers du port de Biarritz.

Dans les résidus des dragages, on pourra également réunir bon nombre d'espèces intéressantes, aussi bien en mollusques qu'en animaux divers.

Puis, les récoltes à Cap-Breton fourniront des sujets, qui, naguère inconnus, représentent des types dont les genres n'appartenaient jusqu'alors qu'à des époques géologiques différentes de la nôtre.

C'est là que nous avons découvert en vie, le *Nassa semistriata*, un des mollusques caractérisant les faluns de Saubrigues, le *Nassa bipartita*, excessivement rare, le *Cæcum spinosum*, merveilleux test en raison de son armature de fines épines hérissant sa surface, puis des Ringicules nouvelles.

C'est là que vit le *Dentalium gracile ;* nous recommandons au chercheur qui l'aura trouvé d'avoir le soin de le mettre, au retour des dragages, dans une cuvette ou dans un bol contenant de l'eau de mer; il pourra ainsi admirer l'animal qui habite ce tube vitreux et délicat, et, si nous en jugeons par ce que nous avons éprouvé en l'observant, nous lui promettons de grandes satisfactions. Il y a d'autres Dentales à capturer en même temps que lui ; puis des *Dischides*, des *Siphonodentalium*, des *Cadulus* des *Gadus*, etc., dont on ne soupçonnait pas l'existence dans nos mers, avant que nous les eussions découverts dans la Fosse de Cap-Breton.

Parmi les bivalves, la *Vasconia Jeffreysii* (fig. 64), coquille d'un autre âge du monde, d'une finesse remarquable, curieuse en raison du sinus arrondi qui pénètre profondément dans ses valves et de son ornementation délicate;

Les *Sportella*, les *Scintilla*, qui sont dans le même cas, quant à l'époque de leur apparition;

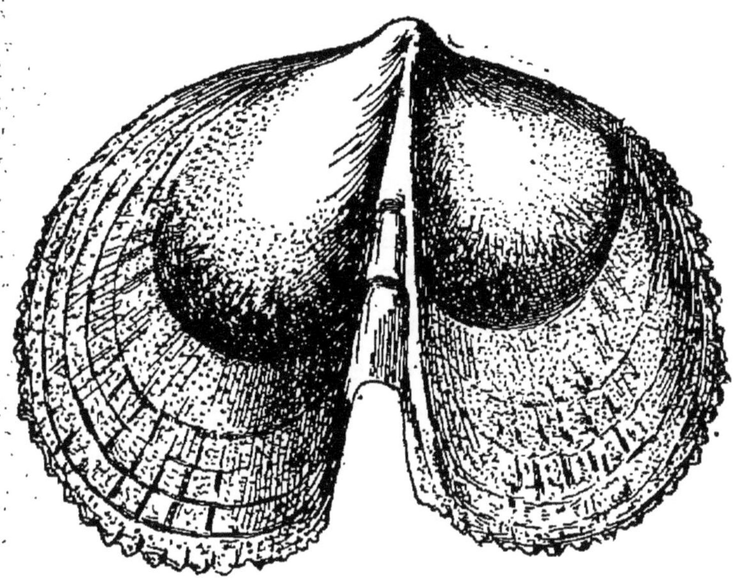

Fig. 64. — *Vasconia Jeffreysi.*

Puis des *Pectens* de plusieurs espèces, des *Lepton*, des *Cardium*, des *Pholadidea*, des *Coralliophaga*, *Arca*, *Sphænia*, *Neæra*, *Kellia (Erycina)*, *Astarte*, *Mactra*, *Corbula*, *Psammobia*, *Tellina*, *Syndosmia*, *Donax*, *Dosinia*, *Diplodonta*, *Tapes*, *Venus*, *Circe*, *Turtonia*, *Poromia*, *Lucina*, *Nucula*, *Leda*, *Arca*, *Pectunculus*, *Anomia*, *Ostrea*, *Mytilus*, etc.

Les *Teredo* constituent un genre, terrible destructeur des ouvrages en bois qui plongent dans la mer; ils sont connus sous le nom de *Tarets*, ce sont des animaux fort curieux, et, si l'on parvient à s'en procurer, ils méritent d'être étudiés. Il y a quelques années, la chose eût été facile, les jetées qui ont été établies à l'embouchure de l'Adour étaient en bois de pins, mais en fort peu de temps les beaux arbres qui les composaient étaient complètement mis à l'état d'écumoirs par les Tarets, c'est pourquoi on a substitué le fer au bois dans la construction de ces ouvrages. C'est la même raison qui a déterminé le doublage en cuivre des navires en bois. Qu'on n'imagine pas que c'est pour se nourrir que le Taret s'introduit dans le bois, c'est simplement parce qu'il trouve qu'il peut assez facilement le percer pour s'y loger et se mettre à l'abri des dangers qu'il courrait s'il se trouvait démuni d'une muraille qui protège son long corps nu, les deux valves qu'il possède ne recouvrant qu'une très petite partie de l'animal.

Sur les plages et sur les bancs de sable qui assèchent, particulièrement sur ceux qui se trouvent à l'embouchure de la Bidassoa, vivent enfoncés dans le sol les *Solen*, ces longues coquilles, que vulgairement on nomme des *manches de couteau;* leurs gîtes sont indiqués à mer basse par des bulles d'air qui de temps en temps s'échappent du point où ils se sont retirés. Du reste, en fouillant un peu à tort et à travers avec un instrument fouisseur, une petite bêche par exemple, on découvrira les mollusques ; ils passent pour être très agréables au goût, la coquille en tout cas est bonne à conserver.

A Guethary, à mer basse, il sera assez facile de rencontrer des *Lima*, dont l'animal est d'un rouge très brillant.

3. — Les Tuniciers.

Les Tuniciers sont des animaux enveloppés dans une tunique ou peau cartilagineuse qui tient lieu de test. Les Salpes ou Biphores en font partie.

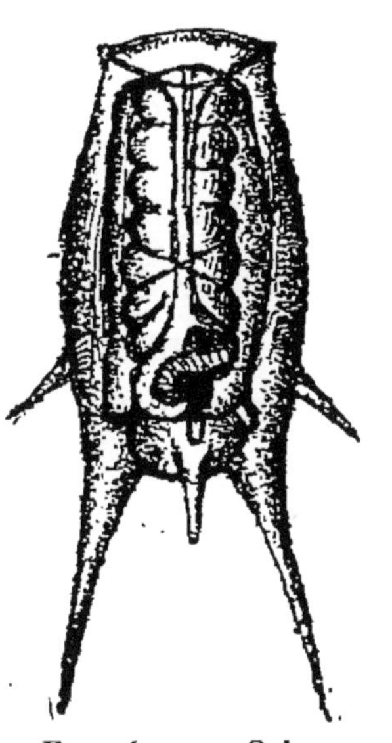

Fig. 65. — Salpa.

Il n'est pas toujours facile d'en rencontrer ; il faut, pour cela, choisir une nuit noire et un temps calme.

Dans nos mers, on peut trouver *Salpa democratica*, Forsk., *S. punctata*, Forsk., *S. polycratica*, Forsk., et *S. maxima*, Forsk. (fig. 65).

Le genre *Ascidie* vit attaché aux roches, aux pierres, aux tests des mollusques.

L'espèce la plus commune chez nous est '*Ascidia microcosmus* de Lamark. On peut aussi trouver *A. rustica*, Linné, *A. ampulla*, Brugères, *A. claudicans*, attachée aux coquilles d'huîtres.

Le genre *Phallusia*, — *P. mamillaris*, Lamarck, — n'a encore été recueilli chez nous que dans la Méditerranée.

Les *Clavelines* sont gélatineuses et transparentes. La *Clavelina lepadiformis* de Muller, *C. pumilio* de Milne Edwards, se rencontre dans notre région, ainsi que *C. Savignana*, Milne Edwards.

Les *Perophora*. — *P. Listeri* vit en Bretagne.

Le genre *Botryllus*, consistant en une croûte mince d'animaux réunis, attachés aux pierres, roches, etc. — *B. gemmeus*, Savigny, *B. violaceus*, Milne Edwards, *B. Smaragdus*, Milne Edwards, *B. Marioni*, Girard, *B. pruinosus*, Girard, *B. bivittatus*, Milne Edwards.

Les Botrylloïdes en sont voisins. *B. albicans*, Milne Edwards, *B. rubrum*, Milne Edwards.

Dans une autre famille, les *Aplidium*, Savigny, on trouve sur nos côtes : *A. zostericola*, Giard, *A. ficus*, Savigny, *A. lobatum*, Savigny.

Le genre *Amaroncium*, Milne Edwards, comprend chez nous : *A. densum*, Giard, *A. Nordmanni*, Milne Edwards, *A. Lafonti*, Fischer.

Le genre *Morchellium*, Giard, est représenté sur nos côtes par une seule espèce *M. argus*, Milne Edwards.

Genre *Polyclinum*, Savigny. — *P. sabulosum*, Giard a été trouvé par le Dr Fischer dans le bassin d'Arcachon.

La famille des Didemnidés, de Savigny ou Eucèles, nous fournit comme espèces de nos mers :

Didemnum cereum, Giard, et *Eucœlium parasiticum*, Giard.

Genre *Leptoclinum*, Milne Edwards. — Nous avons *L. maculosum*, Milne Edwards, *L. fulgens*, Milne Edwards, *L. perforatum*, Giard.

Genre *Pseudodidemnum*. — *P. cristallinum*, Giard.

Genre *Astellium*. — *A. spongiforme*, Giard.

II. — LES MOLLUSQUES DES EAUX SAUMATRES

Les Mollusques des eaux saumâtres sont pour la plupart des formes marines ou des formes des eaux douces modifiées. Très peu de localités en France se sont prêtées à ces transformations.

III. — LES MOLLUSQUES DES EAUX DOUCES

Les Mollusques des eaux douces, comme ceux de la mer, se divisent en deux grands groupes, celui des *Acéphalés* et celui des *Gastéropodes*.

1. — Les Acéphalés des eaux douces

Nous possédons dans nos pays plusieurs genres d'Acéphalés, comprenant un certain nombre d'espèces intéressantes à chercher.

Celui dont les spécimens sont les plus grands est l'*Anodonta*, sans dents (l'A privatif indique ce caractère). Nous avons des sujets d'*A. piscinalis*, pris dans la Garonne, qui mesurent 18 centimètres de longueur; nous en avons vu qui en avaient plus de 20. D'ordinaire les coquilles d'Anodonte sont minces et légères et par suite assez fragiles; cependant nous avons trouvé, au bas de Saint-Étienne à Bayonne, dans une pièce d'eau de la propriété de Mme Léon, une variété qui est très épaissie et solide: nous attribuons cette circonstance anormale à ce que le sol du fond de la pièce d'eau consiste en un argile très compact, dans lequel les valves du mollusque ne pouvaient s'enfoncer sans avoir une force de pénétration plus grande que d'habitude; peu à peu, la sécrétion se portant sur ce point, elles acquéraient l'épaisseur et la densité qui leur était utile pour ouvrir la vase ou l'argile dur et pour y pénétrer, ainsi que cela leur est nécessaire.

Au bas du village d'Arcangues, à quelque distance de la route qui conduit à Saint-Pé, sur la gauche, se trouve un moulin du nom d'*Errota Handia* (fig. 66); ses roues ou turbines sont mises en mouvement par un petit ruisseau, dans lequel nous avons trouvé des spécimens d'*A. anatina*, de petite taille et qui tous montraient un rudiment de dent près du sommet. Comme ce même caractère se reproduisait sur tous les sujets pris dans le ruisseau, il pourrait bien se faire qu'il y eût en ceci un commencement de modification et qu'elle tendît à produire un genre intermédiaire entre les Anodontes et les Unios, ainsi qu'il s'en trouve déjà un dans les rivières des Etats-Unis (genre *Almodonta).*

En descendant ce ruisseau on pourra, en se servant d'une petite drague à main, trouver bien d'autres animaux que des mollusques-acéphales. On y rencontrera des algues curieuses, des hydres, des gastropodes, des crustacés, des ostracodes, des

FIG. 66. — Errota Handia.

insectes et dans l'eau et sur les plantes et les arbustes qui croissent sur ses bords. On pourra même y prendre des anguilles et de ces poissons qu'on nomme *Aubours*. Il y a aussi des épinoches.

Si on n'abandonne pas le ruisseau, après avoir contourné Arcangues, on passera à Arbonne et on arrivera à son embouchure qui est située entre Bidart et Guethary.

Les Anodontes abondent dans les eaux douces des environs de Biarritz ; le lac de la Négresse et celui de Brindos en nourrissent; il y en a quelques-unes dans l'Adour, dans la Nive, et dans leurs affluents; elles sont nombreuses aux lacs d'Ondres, d'Irieu, de la Pointe, de Souston et dans les fossés qui sont alimentés par leurs eaux.

On les pêchera facilement avec une drague à main (fig. 67). Un triangle ABC en fer plat, ayant une douille en A et un large bord tranchant en BC. On adapte sur ses trois côtés un sac en cannevas ou en étamine, plus ou moins long, de même que le triangle sera plus ou moins grand

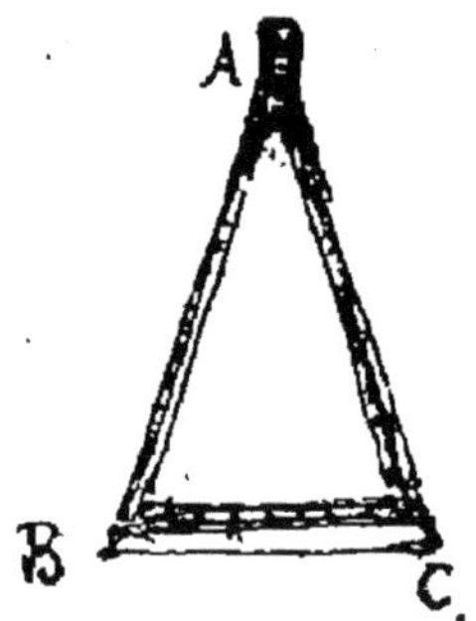

Fig. 67. — Drague à triangle.

suivant les lieux où il devra servir. Une longue hampe ou manche, garnie à un de ses bouts d'une virole munie d'une vis s'adapte sur la douille du triangle. Cet instrument permet de fouiller avec profit les fonds qui ne se trouvent pas à plus de 2 mètres de profondeur; au delà, la drague ordinaire doit être employée. Mais, comme à peu près toutes les espèces vivant dans un étang, un lac ou un cours d'eau ne se trouvent pas d'ordinaire releguées dans les parties profondes, la drague ne servira que pour contrôler ce qui aura été trouvé et voir si dans de plus grandes profondeurs ne se rencontreraient pas des espèces non aperçues.

Après les Anodontes, si nous nous en rapportons à la taille, viendront les Unios ou Mulettes, superbement nacrées au dedans des valves et y revêtant parfois de très riches teintes, surtout parmi les espèces des rivières des États-Unis. Il n'y a rien du reste d'étonnant á cet état brillant des valves à l'intérieur, elles sont produites par un animal qui jouit de cette propriété de sécréter non seulement la nacre, mais aussi la perle, qui, du reste, n'est qu'une concrétion de même nature différant seulement par la forme. L'*Unio margaritifer* se rencontre assez souvent avec des perles et certaines rivières sont plus propres que d'autres à donner lieu à leur formation : la Vologne, affluent de la Moselle, est dans ce cas ; lorsque l'impératrice Marie-Louise vint prendre les eaux de Plombières, cette ville lui offrit un très beau collier de perles de la Vologne.

Nous pouvons indiquer aux chercheurs quelques-uns des cours d'eau du pays basque, où ils pourront rencontrer des *Unio margaritifer*, sans que nous leur affirmions qu'ils y trouveront des perles, savoir dans l'Olhette, petit ruisseau qui coule au pied de la Rhune et qui traverse le village qui lui a donné son nom pour aller se jeter dans la Nivelle. Au-dessus de Saint-Pée, cette rivière devient torrentueuse et la même bivalve y est commune.

Les valves des Unios sont recouvertes au dehors d'un épiderme parfois assez épais ; celui de l'*U. margaritifer* est mince. Une particularité que nous avons remarquée chez cette espèce consiste en ce qu'indépendamment des impressions musculaires, palléales, qui, au dedans, sont très prononcées, de petites cavités se montrent sur presque toute la surface de la valve. Nous les attribuons à l'insertion de muscles auxiliaires, qui doivent attacher l'animal à sa coquille plus solidement que dans les autres espèces, par la raison que cet *Unio* vivant dans des eaux torrentueuses, qui sans cesse le frappent violemment, il faut bien que quelque chose l'empêche d'être arraché trop facilement de sa demeure.

L'*Unio sinuatus* est une espèce dont la taille dépasse toutes les autres. Elle a des valves d'une très grande épaisseur et la nacre en est assez remarquable pour qu'on s'en serve comme de celle des Méléagrines. Il y a quelques années, alors que les coquilles de ces mollusques producteurs des perles étaient devenues très rares, on eut l'idée de se servir des nacres de l'*U. sinuatus*. Une petite rivière du département des Landes, le Lhuys ou Lhuy, dans laquelle se trouvait cette coquille en abondance, fut absolument dévastée, à ce point que nous ne savons pas si on en retrouverait une seule aujourd'hui dans ce cours d'eau.

Les espèces d'Unio sont nombreuses; cependant elles finissent toutes par se rapprocher les unes des autres, lorsqu'on réunit un très grand nombre de spécimens. Expliquons-nous : Nous avons trouvé dans notre région un certain nombre d'espèces qui nous ont présenté des caractères si nettement établis et si différents de ceux des formes connues que nous étions parfaitement autorisés à les décrire comme espèces nouvelles. Telles sont les *U. Bayonnensis*, du lac de la Négresse, sa variété à épiderme bronzé du lac de Brindos, et les *U. Baudoni* du lac d'Ondres. Nous en avons dragué des centaines et, dans le nombre, nous avons remarqué des sujets sur lesquels les caractères ayant servi à donner à l'espèce toute sa valeur s'effaçaient graduellement et nous permettraient d'arriver à une forme ne s'écartant guère de celle qui est la plus connue, *U. pictorum*.

Nous pensons que, si la même expérience se faisait sur un même lac ou une même rivière, dans les autres parties de la France, on obtiendrait le même résultat.

Nous sommes parvenu à retrouver une forme très voisine de celle de l'*U. pictorum*, avec nos sujets du lac de la Négresse; une autre tout aussi rapprochée de l'*U. Batavus*, avec nos *U. Baudoni*.

Nous avons trouvé dans le lac d'Irieu des formes très écartées les unes des autres; dans celui de la Pointe, un *Unio* assez semblable à l'*U. Da-*

nieli. Le lac de Soustons nous a fourni des spécimens, analogues à ceux de l'*U. platyrinchoideus*, mais beaucoup plus minces, à peine épais et singulièrement comprimés en arrière, nous donnant fort à penser au sujet de leur identification.

En résumé, il n'y a peut-être eu qu'un type duquel se sont écartés peu à peu ce que l'on conconsidère aujourd'hui comme les espèces. Celles-ci se sont établies en s'adaptant à des eaux différentes et, quand cela a eu lieu, quelques circonstances peuvent ramener la nouvelle forme à l'ancienne.

Le seul lac d'Irieu nous a fourni, à côté de bons spécimens de l'*U. Jacqueminii*, au moins une vingtaine de formes, très différentes les unes des autres.

Nous pouvons encore indiquer quelques recherches à faire pour trouver d'autres *Unios*.

Au moulin d'Esbouc près du Boucau, une forme très intéressante se rapprochant de l'*U. Aleroni*.

Dans l'Estier d'Illians, se jetant près de Bayonne dans la Nive, un très petit *U. littoralis*, qui ne grandit pas, sans doute parce qu'il vit dans des eaux alternativement douces et salées, la marée remontant dans l'estier.

Dans l'étang de la Bastide de Villefranque, vit une forme assez rapprochée des *U. pictorum*, qui est de grande taille, mais qui en diffère un peu.

Dans la Joyeuse, on pourra draguer une autre forme.

Et si l'on explore tous les étangs, lacs et cours d'eau de la région extrême sud-ouest, on réunira, nous pouvons l'assurer, un très grand nombre de formes, parmi lesquelles il s'en trouvera de bien divergentes, si on les compare à celles connues.

Nous quittons les grandes espèces, pour citer comme moyennes les *Dreissena,* bivalves que nous ne trouvons pas encore dans la région, mais qui y arriveront, si l'on s'en fie au cours des pérégrinations que ces mollusques peuvent déjà enregistrer : il n'y a en Europe qu'une espèce, *D. polymorpha.* Il est originaire de la mer Caspienne, d'où il remonta dans le Volga, et comme, au moyen d'un byssus, il s'attache un peu partout, il a été transporté par des bateaux, des radeaux, des bois, passant d'une rivière dans une autre, il traversa ainsi l'Allemagne pour gagner la Belgique, l'Escaut et le Rhin et, de là, la France où il a pénétré vers 1847.

Parmi les petites espèces, les collectionneurs devront s'attacher à rencontrer toutes celles des Cyclades qui vivent dans nos eaux douces. Cette petite bivalve est assez jolie pour qu'on ne la néglige pas.

Avec une drague à main, elle sera facilement capturée.

On a établi plusieurs espèces de Cyclades, mais

nous considérons que quelques-unes d'entre elles ne sont que des variétés.

Il faudra chercher dans les ruisseaux et fontaines qui bordent la route de Bayonne à Biarritz, dans les lacs et étangs de la Négresse, de Brindos, de Marion de Chiberta, d'Ondres, d'Irieu, de la Pointe, dans les petits cours d'eau, aux endroits où l'eau est tranquille, dans les herbes qui en tapissent le fond, sur le bord des rivières, au pied des roseaux et aux places un peu vaseuses. A deux kilomètres environ du Boucau, dans une partie nue de la Pignada, coule à travers une clairière un ruisseau, dont l'eau, sur ce point, est d'une limpidité parfaite et qui est quelque peu rapide. Sans parler du charme que présente le site, qui est tel que par lui seul il peut attirer, nous dirons que de très belles Cyclades peuvent y être pêchées.

Les espèces du genre vivant en nos pays sont : *Cyclas cornea, rivicola, rivalis, solida, lacustris, caliculata, Terveriana, Ryckholtii.*

A côté de ce genre, s'en trouve un autre, qui en diffère non seulement par certains caractères de l'animal, mais aussi par la forme de la coquille toujours plus petite que celle des Cyclades. C'est le genre *Pisidium.*

Presque partout où il y aura de l'eau, on pourra rencontrer des coquilles de Pisidium. Les espèces qui habitent la France sont : *P. amnicum, obtusale, fontinale, Henslowianum, pulchellum, nitidum, casertanum, thermale, caliculatum, lenticulare, Nor-*

mandianum, Gavriesanum, limosum, reclusianum, conicum.

L'espèce la plus grande est le *P. amnicum*, dont on trouvera de très beaux échantillons dans l'estier d'Illians. Dans le lac de la Négresse, vivent plusieurs espèces et une variété qui n'était pas connue lorsque nous la découvrîmes.

2. — Les Gastéropodes des eaux douces.

Les Gastéropodes des eaux douces sont nombreux.

Nous signalerons un groupe qui, en raison des circonstances dans lesquelles ils sont généralement trouvés, nous a paru devoir habiter les eaux souterraines. C'est en effet, dans les alluvions qui demeurent aux bords des cours d'eau et surtout après les crues, que se rencontrent les coquilles des *Moitesseria, Paladilhea,* et *Bugesia.* Très rarement des sujets vivants ont été trouvés. Nous supposons que, les réservoirs souterrains se remplissant lors des pluies continues, il se produit dans les bassins et leurs déversoirs de rapides courants qui entraînent les petites bêtes accoutumées au calme et qui se trouvent soit dans le sein des eaux, soit reposant sur les parois humides. Ces débordements des nappes cachées se répandent avec quelque fracas dans les ruisseaux et rivières dont elles sont les sources et les remous portent les animaux avec les sables, brindilles de végétaux, et autres détritus sur les rivages; après la crue, tout demeure à sec. C'est donc après le mauvais temps qui a grossi les rivières et lorsqu'elles sont rentrées dans leur lit naturel, qu'il faut aller chercher des alluvions et les explorer avec soin, pour y trouver les espèces qui appartiennent à ces genres et que nous avons dit peu nombreuses encore : le premier en possède trois, les deux autres, une seulement.

A leur suite, nous indiquerons les *Paludines*, dont les coquilles se ferment au moyen d'un opercule et dont les œufs éclosent dans le sein de la mère.

La plus grande de nos espèces françaises est la *Paludina vivipara*, commune partout, si ce n'est dans notre région de l'extrême sud-ouest. Aussi grande est la *P. achatina*. Beaucoup plus petite, *P. impura*, qui n'est pas vivipare.

Le genre *Bithynia* est composé de coquilles ressemblant beaucoup aux Paludines ; nous citerons : *B. ventricosa*, *B. tentaculata*, *B. Kicksii*.

On a établi bien des genres et des sous-genres pour cette famille des Paludines ; il est vrai que ces petits mollusques sont de formes très variables et qu'ils prêtent à des séparations par les nuances que présentent les individus habitant des stations différentes.

Nous nous contenterons d'indiquer ceux que nous avons rencontrés dans notre région : *Paludinella*, *Moulinsii*, *Gibba*, *Saxatilis*, *Servainiana*, *Darrieuxii*.

Nous avons découvert cette dernière espèce, assez remarquable, dans un petit réservoir recevant les eaux de source répandues dans une verte prairie qui borde la route de Saint-Jean-Pied-de-Port à Arneguy ; cette dernière est en contrebas de la première, et le réservoir se nomme Fontaine de la Bente d'Arneguy. Cette charmante vallée, où s'ébat entre les arbres la Nive d'Arneguy, est vraiment digne d'être visitée, car, non seulement elle est pittoresque, fraîche et souriante, mais elle conserve des souvenirs des temps chevaleresques, au moins un qui se rattache à Rolland.

Non loin de la route, se trouve une maison à laquelle la légende a conservé le nom de *Mauvais Conseil*. Et voici pourquoi, suivant la tradition encore. Charlemagne campait par là ; tout à coup on aurait entendu le son de l'olifan, les appels de Rolland pour demander qu'on vienne à lui. Le Conseil s'étant assemblé dans la maison que nous venons de dire, on délibéra, et il fut décidé qu'on y demeurerait pour attendre des nouvelles. Elles furent ce que l'on sait et les populations, douloureusement impressionnées, imprimèrent au lieu du Conseil cette appellation néfaste qu'elle porte encore aujourd'hui.

C'est en ses environs que nous avons trouvé la *P. Servainiana*.

Les *Hydrobia* forment un groupe de très petits mollusques, qu'il faut chercher avec attention en raison de leur taille exiguë. Nous citerons *H. Rey-*

niesii, dont la longueur ne dépasse pas 3 millimètres, *H. Perisii*, encore plus petite, *H. saxatilis*, *H. viridis*, *H. Moulinsii*.

Les *Peringia* sont de taille beaucoup plus grande. Une espèce, qui est aussi désignée sous le nom de *Paludestrina muriatica*, se rencontre sur les gazons qui bordent l'Adour, en certains points, près de son embouchure; les individus de ce genre qui y vivent y sont en nombre considérable, on peut les ramasser à la poignée, mais ils ne se montrent pas tous exactement identiques les uns aux autres et en les étudiant bien, il y aurait lieu, croyons-nous d'établir au moins des variétés. Nous avons pu différencier vingt formes.

Assiminea littorea, Delle Chiaje, appartient à un genre fort voisin des *Hydrobia*.

Le genre *Valvata* est très répandu; on en recueillera facilement des spécimens, en les cherchant sur les plantes qui habitent les eaux douces de toutes sortes; elles sont operculées.

Valvata piscinalis, Muller, vit dans les lacs de la Négresse, d'Ondres, d'Yrieu, et autres; l'appareil respiratoire de ces Mollusques est très curieux à observer. Si on met quelques individus vivants dans un verre d'eau, on les verra sortir une sorte de panache qui constitue leurs branchies.

Valvata cristata, Muller, est une espèce beaucoup plus petite que la précédente; *V. minuta*, Draparnaud, en est si voisine que nous la considérons comme une variété.

V. spirorbis est une espèce très déprimée, dont le test très mince est transparent.

V. cristata, var. ornata est une espèce que nous avons trouvée à Bramepan, aux portes de Bayonne et dont les caractères bien accusés nous ont permis de l'ériger en une variété nouvelle, si bien caractérisée qu'elle aurait peut-être pu représenter une espèce.

V. exilis, Paladilhe, presque microscopique, se trouve au Moulin Neuf.

Les Néritines, qui pourraient se confondre avec les Nérites si elles n'habitaient pas spécialement les eaux douces, sont de jolies petits mollusques à coquilles solides et qui se ferment au moyen d'un opercule ayant la forme d'un croissant.

A Bramepan, dont il vient d'être question, nous avons trouvé des spécimens beaucoup plus grands que d'habitude, d'une forme s'écartant de celle que revêt ordinairement la *Neritina fluviatilis*, Linné, dont nous avons fait la variété *quadrigonostoma*. La *N. thermalis*, Boubée, qui n'est autre que la *N. Prevostiana*, Dupuy, est plus petite que la *N. fluviatilis*.

La *N. fontinalis* en est une variété.

Les Ancyles ont une grande analogie avec les Patelles et les Tectura; on les trouve appliqués sur les pierres immergées, sur les plantes aquatiques, etc. On en trouvera de fort beaux spécimens dans la Nive et ses affluents, appartenant à l'espèce *A. fluviatilis*, Müller, et à sa voisine, *A. capuloïdes*.

Les plus grands échantillons que nous ayons recueillis, et qui sont beaucoup plus grands que ceux habituels, l'ont été dans l'Urbelça, qui traverse la forêt d'Iraty.

L'*A. lacustris*, qui a une tout autre forme, se rencontre facilement sur les feuilles de Nénuphar aux lacs de la Négresse, d'Ondres et d'Irieu.

L'*A. gibbosus*, Bourguignat, est une espèce de taille plus petite que l'*A. fluviatilis ;* il se trouve dans les fontaines et les petits ruisseaux.

Il y aurait beaucoup à faire sur ce genre, en étudiant toutes les formes qui peuvent être réunies dans les eaux douces de la région.

Les coquilles du genre *Planorbis*, ainsi que l'indique le nom, sont presque planes en dessus comme en-dessous, et même légèrement, concaves. L'animal est très rustique et peut se passer d'eau pendant plusieurs jours. On les trouve dans les eaux stagnantes plutôt que dans les eaux courantes.

La plus grande espèce de nos pays est le *P. corneus*, à test épais, de couleur rousse alternant avec des zones verdâtres. Dans la région extrême S. O., elle n'atteint pas d'aussi grandes dimensions que dans le Nord.

P. nautileus, Linné, ou *imbricatus*, Müller, est au contraire de petite taille, dont le pourtour de la carène est dentelé ou plutôt découpé en dent de scie, ce qui le rend très élégant; il est fâcheux qu'il soit si petit; il se trouve dans les fossés.

P. cristatus, Draparnaud, en est une variété.

P. albus, Müller, est de couleur blanchâtre, grise ou jaunâtre; il se rencontre dans les eaux stagnantes.

P. contortus, Linné, coloré en brun.

P. rotundatus, Poiret, *P. leucostoma*, Müller, d'une forme très déprimée.

P. fontanus, *P. complanatus*, Draparnaud.

P. marginatus, Dupuy, avec ses variétés, *submarginatus* et *subangulatus*.

P. carinatus, Müller, jaunâtre, très voisin du *P. marginatus*, Dupuy.

P. nitidus, Müller, voisine du *P. fontanus*.

P. spirorbis, Linné, a comme espèce voisine le *P. vortex*, Linné.

Les Planorbes sont très sujets à se déformer et à prendre la forme scalaire. Dans certaines mares de Belgique, on a trouvé des groupes entiers affectant cette anomalie avec plus ou moins d'exagération.

A Bayonne, dans un fossé sur la route du Boucau au pied de la citadelle, nous avons remarqué que les sujets qui s'y trouvaient montraient tous une tendance au scalarisme et nous avons attribué le fait à ce que ces Planorbes vivaient dans des amas serrés et compacts de plantes dans lesquelles il était clair que le développement de leur croissance était gêné, elle ne s'opérait que par des efforts de l'animal qui produisaient des déviations dans l'enroulement de la spire.

Genre *Lymnæa.* Ces mollusques vivent dans la plupart des eaux douces : une particularité à citer, c'est qu'ils rampent assez souvent à la surface de l'eau, leur coquille en dessous du pied qui s'étale sur la couche supérieure du liquide.

La plus grande d'entre elles est la *Lymnæa palustris*, Müller, qui habite de préférence les eaux stagnantes ; comme variétés, on cite les *L. disjuncta, Vosgesiaca, fusca.*

L. stagnalis, parfois encore plus grande que la *L. palustris*, se rencontre dans les mêmes conditions.

L. glacialis, Dupuy, habite les lacs glacés, situés aux sommets des Pyrénées.

L. corvus, Gmelin, espèce allongée, de forme élégante.

L. glabra, Müller, *L. elongata* de Draparnaud, allongée à tours de spire légèrement renflés. Sur la route de Bayonne à Saint-Jean-de-Luz, un peu au delà d'Anglet, se trouve une source nommée la *Fontaine des Anges ;* nous y avons trouvé une variété de cette espèce, agréablement fasciée par des bandes blanchâtres, qui ornaient gentiment le test. *L. leucostoma* est une autre variété.

L. ovata, Draparnaud, *Limosa*, Linné, se reconnaît facilement à sa forme ovoïde.

L. auricularia, Linné, en diffère par l'expansion de son labre, ce qui imprime à la coquille une apparence qui la fait un peu ressembler à une oreille ; elle ne se trouve pas dans les eaux de l'extrême sud-ouest.

L. truncatula, Müller, *L. minuta,* Draparnaud, est une petite espèce très bien faite, qui varie beaucoup de taille; *L. microstoma* de Drouet en est une variété.

L. peregra, Müller, peut se rencontrer dans les fossés autour de Bayonne.

L. glutinosa, Draparnaud, remarquable espèce, ayant de l'analogie avec les *Philina* (marines); dans notre région, nous ne l'avons rencontrée que dans des fossés communiquant avec l'étang d'Esbouc, près du Boucau.

L. crassilabrum, de Folin, espèce que nous avons décrite en 1891, dans le *Naturaliste* et que nous avions trouvée à Pey, propriété de notre ami, A. Detroyat, dans les Bartes, prairies-riveraines de l'Adour, presque toujours recouvertes d'un peu d'eau.

Le genre *Physa* (fig, 68 à 70) se compose de coquilles, qu'on dit *Senestres*, parce que l'enroulement de la spire se fait de gauche à droite, tandis que d'ordinaire il s'exécute de droite à gauche. La figure 68 servira à faire comprendre comment l'enroulement s'opère autour de la columelle, à partir du point, qui est le sommet ou commencement de la coquille. Sur cette figure 68, l'enroulement est normal, il a lieu en tournant de droite à gauche. Sur la figure 69 au contraire, c'est de gauche à droite que tournent les tours de spire autour de la columelle. Par suite, les ouvertures s'ouvrent pour les dextres en s'évasant sur la gauche, pour les senestres c'est au contraire sur la droite que l'animal s'épanche.

Les espèces de Physes de nos contrées sont peu nombreuses; leurs coquilles sont ordinairement très lisses et par suite brillantes.

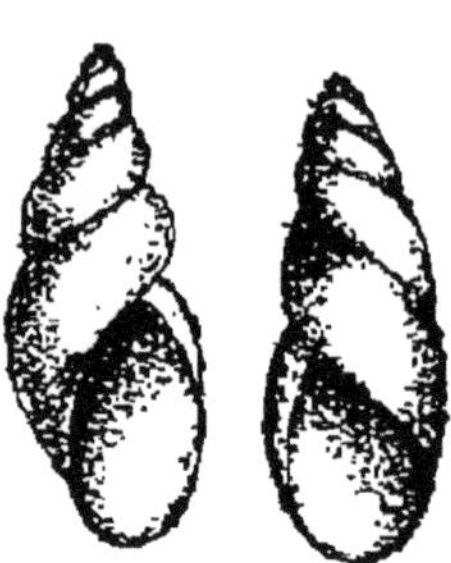

FIG. 68, 69, 70. — *Physa.*

Physa acuta, Draparnaud, se rencontre dans presque toutes les eaux douces ; cependant il faut la chercher, car elle n'est pas toujours commune.

P. contorta, Michaud, voisine de la précédente.

P. fontinalis, Linné, coquille brillante, transparente à tours de spire peu nombreux, vit dans les sources, les fontaines, les ruisseaux.

P. hypnorum, Linné, très belle espèce à coquille allongée, brillante, habitant les fossés, les ruisseaux les étangs.

Lorsque le hasard fait que les diverses espèces, habitant d'habitude dans les eaux douces, se trouvent vivre dans des eaux saumâtres, elles ne s'habituent que difficilement à ce milieu dans lequel elles doivent puiser les éléments de leur respiration, et, ne s'y accommodant qu'à demi, elles ne se prêtent pas à l'adaptation.

Nous avons été témoin d'un fait qui nous paraît assez significatif dans ce sens pour qu'il soit utile de lui donner toute la publicité possible, afin que, si l'occasion s'en présentait de nouveau, elle ne soit pas négligée et qu'on en profite pour étudier une question qui touche à celle du transformisme.

Non loin et au nord de l'embouchure du chenal qui forme le port de Cap-Breton, à une distance d'environ 600 mètres de la plage, se trouvait un long amas d'eau remplissant une cuvette établie dans les sables, c'était ce que l'on appellait et ce que l'on appelle encore le *lac d'Ossegor*, aujourd'hui mis en communication avec la mer, formant une retenue dont la chasse à marée basse balaye le fond du chenal : toute l'eau qu'il contient est salée et on n'y trouve que des animaux marins. Mais, il y a quelques années, l'eau paraissait y être douce et les mollusques fluviatiles y abondaient, de même que les poissons de rivière.

Lorsque les eaux marines pénétrèrent prématurément par les effets d'une tempête dans la cuvette, tous ses habitants périrent comme foudroyés, dans l'eau salée, ils ne pouvaient plus respirer. Le lendemain de l'événement, nous étions sur les lieux. Les effets du reflux s'étaient fait sentir, le jusant avait laissé à sec les rives de l'étang. Leurs déclivités étaient entièrement recouvertes d'une épaisse couche de coquilles de Gastéropodes d'eau douce. Que de millions d'individus devaient vivre dans l'étang d'Ossegor, à en juger par les amas de tests morts, épais parfois de plus de 12 centimètres, que l'on foulait sous les pieds.

Le coup d'œil était navrant, il représentait une scène de désolation s'étendant sur tant de sujets; bien qu'ils fussent de race infime, leur désastre était tel que l'esprit se sentait péniblement impressionné. C'était l'effet produit par le coup d'œil d'ensemble, puis, quand l'examen se particularisait, nous étions frappés par une particularité, qui nous parut intéressante à examiner et à étudier. Tous les individus de cette foule immense étaient d'une taille beaucoup moindre que celle ordinaire. Notre attention ainsi attirée, nous vîmes bientôt que non seulement les mollusques qui avaient vécu dans les eaux d'Ossegor péchaient par un défaut de croissance, mais qu'ils étaient plus ou moins déformés et que beaucoup d'entre eux montraient d'extraordinaires anomalies de formes. C'était surtout parmi les Lymnées que les déformations se montraient les plus exagérées et leurs caractères étaient souvent complètement effacés par les aberrations de leurs contours et de leurs surfaces (fig. 71 à 76).

Evidemment il y avait en ceci les preuves d'un mal affectant l'organisme. Ces mollusques étaient rachitiques par leur taille très inférieure, qui n'avait pu se développer, puis par les erreurs de leur formation qui s'opérait avec une excentricité maladive. Après avoir cherché quelle pouvait être la cause de cet état d'infirmité à peu près général, nous pûmes constater que les eaux de l'étang d'Ossegor, alors qu'elles ne communiquaient pas encore avec la mer, n'étaient point parfaitement exemptes d'une certaine salure. Sans qu'elles fussent saumâtres, les infiltrations à haute mer sur-

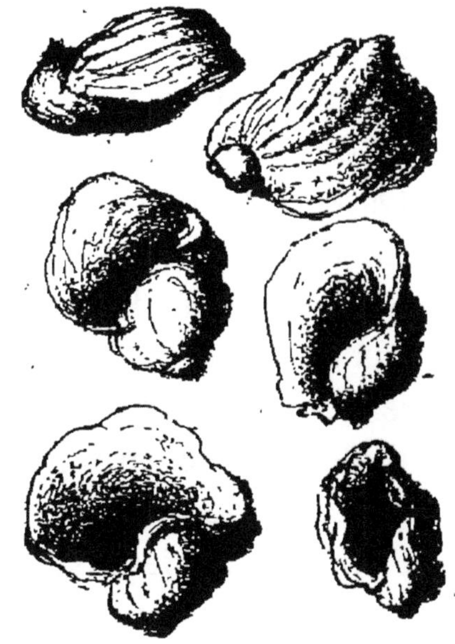

FIG. 71 à 76. — Lymnées d'Ossegor.

tout, traversaient l'étroite bande de sable qui séparait l'étang de la plage et laissaient quelque peu de leurs sels se mélanger aux eaux douces, ce qui les rendait plus denses. Cela suffisait pour que la respiration des mollusques en ressentît une gêne, qui, sans les faire périr, leur occasionnait un malaise dégénérant en maladie. En effet, dans ce milieu altéré, le surcroît de pression, quelque minime qu'il fût, surchargeait l'appareil respiratoire; les vaisseaux capillaires, se resserrant, ne fonctionnaient plus convenablement, l'absorption d'oxygène n'était plus ni complète, ni suffisante. On sait combien sont funestes les moindres altérations que subissent les fonctions de la respiration, surtout au début de la vie; les effets qu'elles ont produits sur les mollusques d'Ossegor sont flagrants : elles ont introduit le rachitisme parmi eux.

Ainsi donc, le fait dont il est question présente un cas qui mérite d'être observé et noté, car il semble montrer qu'à Ossegor l'adaptation, dans le milieu, n'avait pas lieu, les animaux s'habituaient au malaise, mais tout en prenant des formes aberrantes, n'adoptaient pas une forme générale, qui concordât avec les exigences de la situation et qui serait devenue normale. Ils se montraient seulement affectés par une cause dont ils ne pouvaient vaincre les effets et dont ils avaient seulement pu atténuer les résultats, sans cependant se modifier assez pour devenir des organismes normaux et produire une nouvelle race. Ne pourrait-on conclure de là que la théorie de l'adaptation n'est pas toujours prouvée?

IV. — LES MOLLUSQUES TERRESTRES

La région ou du moins la partie extrême de la région du sud-ouest de la France, celle qui se trouve au delà de Bayonne pénétrant jusque dans la montagne, le pays basque, pourrions-nous dire, présente parmi les représentants de sa faune malacologique des espèces d'une spécialité qui frappe. Elles montrent dans leurs caractères des traits qui ne sont plus ceux des types français, nous pouvons même dire des types européens, et qui se rapprochent tant de ceux de certaines formes exotiques qu'on s'étonne d'abord et qu'ensuite on se demande d'où peuvent provenir ces espèces.

Les habitants de ce territoire, les Basques, sont, on le suppose avec quelque raison, les descendants de colonies d'Atlantes et sans doute les mollusques dont nous voulons parler proviennent comme eux de cette terre disparue sous les eaux de l'Océan. Nous aurons quelques raisons à donner pour appuyer cette opinion, et, comme elles nous sont fournies par chacune des formes spéciales au pays basque, nous les ferons connaître en parlant de chacune de celles-ci ; et, comme elles peuvent être considérées comme composant un groupe à part, nous nous en occuperons immédiatement.

L'*Helix Quimperiana*, dont une propriété d'acclimatation facile semble être un attribut, doit son nom au pays où elle fut trouvée pour la première fois, mais qui n'était pas sa patrie d'origine, pas plus sans doute que la contrée que l'on considère comme telle et qui, selon l'apparence, l'a reçue de l'Atlantide ; elle a dû de même être apportée aux environs de Quimper avec des denrées venant des pays basques. Les exemples de transport de mollusques d'un pays à l'autre sont assez communs, mais l'acclimatation ne s'ensuit pas toujours, il est nécessaire que les organismes s'y prêtent.

Cette espèce diffère dans sa forme de celles qui sont propres à cette contrée ; en indiquant l'aspect sous lequel elle présente son ensemble, on pourrait dire que l'on voit une section d'une certaine épaisseur faite dans un cylindre et c'est précisément cette physionomie qui imprime à cette Hélice un caractère d'*étrangère*, sur lequel on ne peut se méprendre. On retrouve cette forme ailleurs que chez nous, elle n'a précisément pas sa pareille en France. Comme on le voit, on peut bien en raison de ces points notés, croire qu'en effet l'*H. Quimperiana* n'est pas plus basque que bretonne et qu'elle doit provenir d'une immigration ou d'un transport venant, on ne peut dire d'où, mais on peut le supposer en rapprochant notre forme de quelques-unes appartenant aux provinces orientales de l'Amérique, qui les auraient également reçues de la même provenance, de l'Atlantide, qui, alors qu'elle existait, était comme un intermédiaire entre les deux continents. Une particularité de cette hélice que nous signalerons, c'est que, dans son jeune âge, les tours de spire sont obliquement quadrillés par de fins cordons et que cette ornementation est recouverte par de nombreux petits poils rigides, qui, avec l'âge, deviennent caducs et disparaissent.

La recherche de ce mollusque est intéressante. On ne le découvre pas partout; il y a même peu de stations où il puisse se rencontrer : on le trouvera au pas de Rolland, dans les murs en pierres sèches qui bordent les chemins, sur les bords de la Nive et du Laxia; aux grottes de Sarre, dans les mousses humides qui tapissent les dehors de la grotte et les parois de son ouverture; à Fontarabie, dans les amas de pierres provenant de la destruction du fort, et dans les murs qui bordent les chemins des alentours. Il semble ne pas s'éloigner des bords de la mer et c'est toujours sans s'en écarter trop qu'on peut le rencontrer. On le trouve aussi à Saint-Sébastien en Espagne et nous avons lieu de croire qu'il habite toute la côte nord de ce pays, puisque nous l'avons trouvé à Vares et au Ferrol dans les Asturies.

L'*H. constricta*, bien plus que l'*H. Quimperiana*, présente des caractères très précis de forme américaine; on a même cru qu'elle appartenait à la faune de ce pays.

Deux exemplaires seulement de cette hélice avaient été trouvés, et, malgré toutes les recherches faites pour en rencontrer d'autres, on n'y parvenait pas. Des années s'écoulèrent et cette impossibilité de la retrouver fit concevoir l'idée que sa découverte prétendue n'était qu'une mystification. Il fut décidé que c'étaient des sujets d'une espèce américaine qui avaient été présentés comme provenant du pays basque, où il n'était pas possible d'en découvrir d'autres. Le temps se passait, et, si parfois on s'occupait encore de l'*H. constricta*, c'était par acquit de conscience, pour bien constater son absence en France.

Lorsque nous vinmes habiter Bayonne, notre savant ami, Arthur Morelet, nous écrivit en nous invitant à faire d'actives recherches à son égard, sans toutefois nous laisser entrevoir qu'elles pourraient être fructueuses; les premières tentatives furent en effet sans résultats. Mais un jour que nous parcourions, en compagnie du général de Nansouty, la montagne de l'Oursouïa, en face de Cambo, remontant la gorge d'Ola Sara, au fond de laquelle coule un ruisseau d'une eau magnifique se précipitant de cascatelles en cascatelles jusqu'à sa jonction dans la Nive, je fus frappé par l'apparition d'un barrage et de quelques restes de murs qui indiquaient clairement qu'en cet endroit avait dû se trouver une usine quelconque. Ce que l'abbé Dupuy a écrit, au sujet de l'habitat mystérieux du mollusque, me revint soudain à l'esprit; je m'étais arrêté; le général était déjà à quelques pas plus haut, je le rappelai en m'écriant : — « Général. les restes d'unmoulin, l'*Helix constricta !* » — Il revient et sans s'arrêter à considérer les lieux, il s'élance d'un bond jusqu'aux pierres restant d'une muraille, les bouleverse, regarde avec attention — « Rien! rien! » — disait-il; mais j'avais le pressentiment que la fameuse bestiole devait se trouver là et je me mis à faire comme lui, à séparer les pierres les unes des autres. Au bout de quelques instants, je m'écriais : — « La voilà ! la voilà ! » — C'était elle en effet, et nous en recueillîmes en cet endroit bon nombre d'exemplaires.

C'était donc bien en vérité une espèce devenue française, cette jolie forme d'une couleur abricot, chaude de ton, lorsqu'elle est en vie et dont l'ouverture est si singulièrement resserrée, bordée de lèvres sinueuses et saillantes, qui déterminent nettement son caractère contracté (fig. 77).

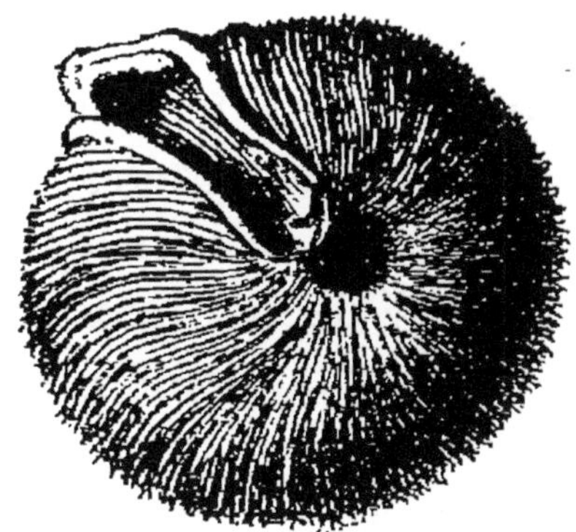

Fig. 77. — *Helix constricta.*

A quelques jours de là, nous découvrions une nouvelle station de cette jolie coquille près de l'usine à gaz de Mousseroles, aux portes de Bayonne. Elle devint alors pour nous fort commune et ses habitats se montrèrent très nombreux. Citons-en quelques-uns : La Négresse, Cambo, Itsatssou, Arcangues, Olhete, la Rhune, Sarre, etc. Remarquons qu'elle ne dépasse pas l'Adour.

L'*H. constricta* (fig. 77) appartient donc bien actuellement à la faune française, mais sa forme et son ouverture lui impriment le sceau des hélices américaines; il est donc présumable qu'elle provient d'importation, et que son introduction dans la région basque est le résultat des rapports de ce pays avec l'Atlantide. Ce qui peut servir à confirmer cette opinion, c'est que non seulement l'espèce présente des particularités qui ne sont pas propres à nos formes locales françaises, mais qu'aucune de celles-ci ne présente avec elle de l'analogie; elle est ainsi posée comme une singularité isolée et demeure telle sans alliance, sans affinité. Remarquons encore qu'elle n'a donné lieu à aucun croisement ayant produit des variétés; cette remarque est utile à faire en raison de cette localisation qu'occupe l'*H. constricta*, depuis tant de siècles, sans qu'on trouve trace de la moindre modification de ses caractères.

La *Clausilia Pauli* (fig. 78, 79 et 80) ne nous permet aucun rapprochement possible, — nous avons beau chercher — avec les nombreuses espèces qui appartiennent au genre *Clausilia*. Elle nous offre, au contraire, une grande analogie avec les Cylindrelles des Antilles, en raison du même développement de la gorge qu'elle nous présente.

Si nous comparons, nous apercevons, en effet, que les figures 78, 79 et 80 ont la même gorge que les figures 81, 82 et 83. Mais si elle se développe sur la figure 84 et s'agrandit sur la figure 85 qui est l'expression de sa plus grande extension chez les Cylindrelles, qui nous dit que sur le continent disparu la Clausilie, que nous retrouvons chez nous, n'avait pas de congénères, dont la lon–

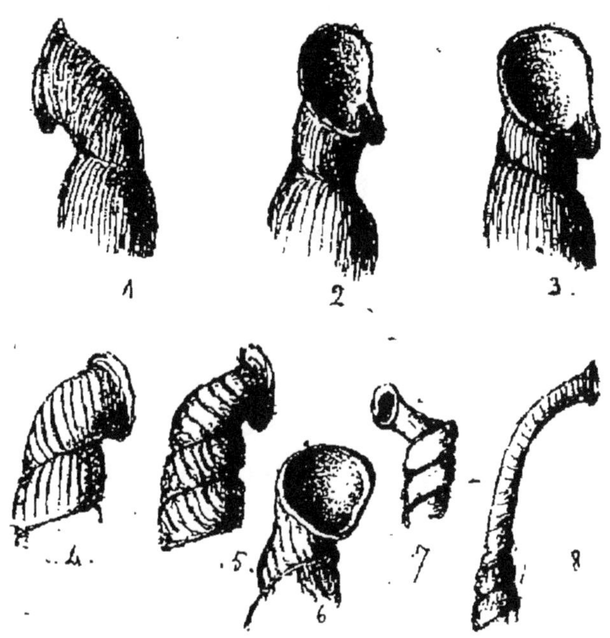

FIG. 78 à 85. — 1, *Clausilia Pauli* vue de côté ; 2 et 3, vue de trois quarts et de face ; 4, *Cylindrella lactaria* de Floride ; 5 et 6, *Cylindrella pruinosa*, île des Pins (Cuba); 7, *Cylindrella subula*, Jamaïque ; 8. *Cylindrella brookiana*, Cuba.

gueur de la gorge s'étendait peu à peu et parvenait à devenir une sorte de trompe, comme sur la *Cylindrella Brookiana*. L'analogie frappante qui existe entre la *C. Pauli* et les Cylindrelles ne semble-t-elle pas un indice que la forme déjà modifiée devait suivre la même tendance que celles du genre dont elle était déjà si rapprochée par les caractères de la gorge ?

En résumé, ce type singulier de la Clausilie du pays basque apparaît bien comme étranger à l'Europe, et, si on recherche comment il a pu se trouver chez nous, on ne voit, comme pour l'*H. constricta,* qu'une seule et même source. Si l'on voulait prétendre à une origine locale, il faudrait, pour appuyer l'hypothèse, qu'il y eût des formes au moins voisines, une succession dans l'expression du caractère qui montrerait son développement graduel ; mais il n'y a rien de semblable, en la contrée pas plus qu'ailleurs.

La *Clausilia Pauli* a été découverte, il y a peu d'années, par M. Mabile, sur la Rhune; elle demeura longtemps fort rare, cependant elle est des plus communes. On peut la recueillir abondamment sur les flancs des rochers, contre les pierres, quelquefois sur les murs et cela dans toute la région.

En allant la chercher, en gravissant les flancs de la Rhune, par Olhete, si l'excursionniste grimpe jusqu'au sommet, il sera dédommagé de la peine qu'il aura prise par le spectacle qu'il aura à contempler ; la mer, se perdant bien au large dans le nord, bordée d'une bande de sable qui, comme un liseré, borde dans le nord la ligne quelque peu sombre des pignadas des Landes, et cet effet s'étendant tout au loin, s'effaçant alors dans un horizon quelque peu vague, tant il est distant. Vers l'ouest, les côtes de Cantabrie et du Guipuzcoa avec leurs croupes élevées s'en vont jusqu'à ce que la perspective les rabaisse presque au niveau de la vague, ligne qui dessine à peine la séparation de l'Océan avec le bleu de l'espace. Les deux côtés de ce panorama se rejoignent, sous les pieds, à l'embouchure de la Bidassoa et, cette jonction presque à angle droit détermine l'extrême fond du golfe de Gascogne.

Si, dans une autre occasion, on cherche notre Clausilie aux environs d'Olhète, sans rien gravir, on la rencontrera également en suivant ce que l'on appelle encore *le chemin de l'Artillerie*, qui fut établi sous le premier Empire, pour la rentrée des canons de l'armée française se retirant d'Espagne; il est très ombragé, côtoyant presque toujours un frais ruisseau, l'Olhète, parfois assez pittoresque. En le suivant jusqu'au bout, on entre en Espagne, on arrive à Véra. On la trouvera aussi à Sarre, à l'entrée de la belle grotte, qui s'étend fort loin au sein de la montagne et qui forme d'immenses couloirs; on peut les suivre sans difficultés pendant un certain temps, mais ils se continuent, dit-on, en des percées qui sont trop basses pour être suivies, et qui vont aboutir sur l'autre flanc de Peña-de-Plata, traversant ainsi toute la masse de cette montagne, sur laquelle les Carlistes, en 1866, avaient un établissement militaire important qu'ils n'ont pas su garder malgré la position inexpugnable sur laquelle il était placé.

Ainsi qu'on le remarquera, la recherche de ce mollusque donnera lieu à de charmantes promenades dans un pays où les paysages se succèdent variés et d'un pittoresque parfois simple, d'autres fois grandiose, toujours sous des couleurs riantes, éclairés qu'ils sont par une lumière qui dénote vivement le climat méridional.

Cryptaezca monodonta. — Lorsqu'il s'agit d'expliquer un fait aussi étrange que celui dont il va être question, si nous n'avions pas pour nous sortir d'embarras cette mystérieuse origine de l'Atlantide, nous regarderions comme impossible d'en donner aucune explication plausible; les raisons qui pourraient être invoquées ne présenteraient en effet aucune valeur sérieuse. En France, au pays basque, nous possédons un mollusque aujourd'hui indigène et qui se trouve séparé de tous les autres par un caractère qui ne se remarque que sur des genres exotiques, habitant les uns Madère, les autres, les Antilles et le Mexique. Il constitue donc un genre qui est profondément séparé de tous ceux qui vivent en Europe.

Ce caractère consiste en ce que l'on appelle le pore muqueux et les animaux qui en sont pourvus semblent tracer avec des doutes l'espace sur lequel ils s'étendent, indiquant ainsi comme une ligne de vie significative, laissant à l'esprit la faculté d'assigner quelque place où l'on pourrait supposer que se trouvait le continent submergé. Telle est la première réflexion qui se présente à l'esprit lorsque l'on songe à cette particularité. Une remarque importante à faire ensuite, c'est que cet animal, que l'on rencontre dans la région extrême sud-ouest de notre pays, s'y trouve cantonné, et qu'aucun autre habitat pouvant relier celui-ci à la station la plus proche de nous, celle de Madère, ne se trouve comme intermédiaire. On saute brusquement du pays basque au milieu de l'océan sur une île qui pourrait être regardée comme un reste de l'Atlantide, de même qu'un autre saut est nécessaire pour rejoindre une troisième station du caractère singulier, celle des Antilles, qui peut-être elles aussi ne sont que des débris du malheureux continent. Et c'est par un dernier saut des Antilles au Mexique qu'on arrive à la dernière étape. De même que la science historique a découvert que des relations indubitables ont existé entre l'Amérique et les Atlantes, que ceux-ci ont envoyé des colonies, non seulement en ces régions, mais aussi en Asie, en Europe et particulièrement sur les rives du golfe de Gascogne, la zoologie peut bien également émettre quelques hypothèses surtout lorsque des cas aussi remarquables de probabilité lui sont offerts pour les appuyer. Si les Ibères et plus particulièrement si les Basques sont Atlantes, il est excessivement facile d'expliquer qu'avec eux se sont introduits quelques animaux de leur pays d'origine. *H. Quimperiana*, *H. constricta*, *C. Pauli*, *C. monodonta*, lesquels ne se rencontrent que dans la région pyrénéenne du sud-ouest, types à part ne révélant aucune alliance avec les formes locales. Des exilés, des abandonnés qui vivent loin de leur patrie, mais qui vivent bien parce qu'ils se sont bien acclimatés.

Nous venons de le dire, ce caractère singulier, spécial à certains genres, est ce que l'on appelle le *pore muqueux;* il consiste sur notre espèce, ainsi que l'a constaté M. J. Barrois, de la Faculté des sciences de Lille, en un amas de glandes unicellulaires, volumineuses, assemblées en un paquet, qui cause une saillie de forme conique vers la partie caudale et qui se traduit par une troncature la terminant.

La découverte de cette coquille date de 1876. Nous disons *coquille*, parce que ce fut le test seul que nous découvrîmes d'abord et ce fut un échantillon seul que nous rencontrâmes. Voici dans quelles circonstances :

Un confrère de Bordeaux était venu à Bayonne, attiré par les espèces propres au pays et qu'il désirait rechercher et trouver lui-même. Nous l'avions mené sur les lieux où nous avions extrait des mousses une délicieuse petite espèce, l'*Acme cryptomena*, de couleur carmin foncé et brillante comme un rubis.

Après l'avoir mis en position de bien fouiller un site où devait se trouver le petit mollusque, nous nous éloignâmes de quelques pas, dans le but de chercher un autre gîte de l'espèce; les yeux fixés à terre, dans une partie peu recouverte par la végétation, nous aperçûmes une petite coquille, que nous prîmes en ce moment pour un spécimen de *Zua lubrica;* mais il était si petit, qu'il nous parut utile de le conserver pour l'étudier, et nous l'enfermâmes dans un tube.

Quinze jours ou trois semaines se passèrent, sans que la coquille fût extraite du tube, mais quand elle en sortit, nous nous aperçûmes, d'abord, bien que le test fût d'une très grande fraîcheur, qu'il était vide et que ce n'était point du tout un exemplaire du genre *Zua* que nous avions ramassé, mais qu'il devait appartenir peut-être aux *Azeca?* Nous lui trouvions en effet quelques points communs avec ceux-ci et nous exprimâmes d'abord cette opinion.

Cependant il fallait trouver de nouveaux sujets, pour décider sûrement la question, et, malgré les plus actives recherches, près de neuf mois s'écoulèrent sans qu'un seul individu pût être rencontré.

Ce ne fut qu'au mois de juin 1877, que le premier sujet vivant fut trouvé par un de nos confrères, dans un ravin encaissé où coule un petit ruisseau qui se jette dans la Nive, sur sa rive droite, vis-à-vis le parc de l'établissement des bains à Cambo. Sur la paroi de gauche de ce ravin tapissé de mousses touffues et presque sur les racines de celles-ci, le tout imprégné d'humidité, vivait le *Cryptazeca monodonta*.

Notre confrère nous conduisit sur les lieux et nous pûmes recueillir quelques exemplaires du mollusque si longtemps cherché en vain. Comme l'animal nous parut d'une grande délicatesse, ce fut sur les lieux mêmes que nous en écrivîmes la description. En l'observant pour bien le décrire, nous fûmes dès le principe frappé de cette disposition particulière qui termine le corps en arrière, et nous songeâmes dès cet instant à l'existence du pore muqueux, ce que M. J. Barrois voulut bien constater, en se chargeant de faire l'anatomie de l'animal.

En voici le résultat, tel que l'a formulé M. J. Barrois.

Fig. 86. Forme générale de la radula. — Gross. 160. Avec portion dessinée d'une manière complète.

Fig. 87. Même portion. — Gross. 400 fois : à droite et à gauche se trouvent six rangées de plaques carrées, séparées l'une de

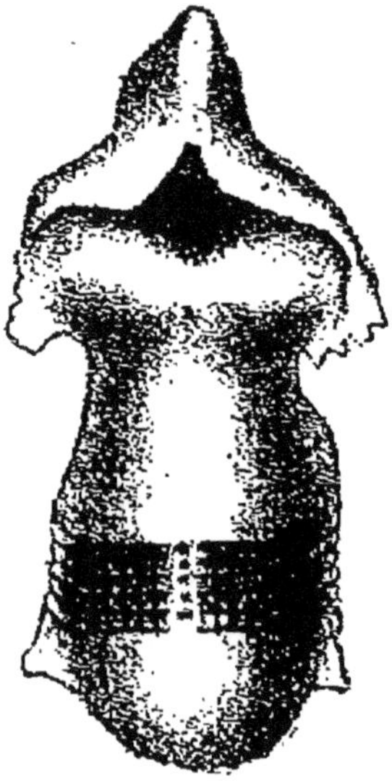

FIG. 86. FIG. 87.

l'autre par une ligne plus claire. En dehors de chacune des six rangées se trouvent de chaque côté de longues pièces A B.

Fig. 88. Coupe longitudinale du pore muqueux, *ep*, épiderme ; *gl*, cellules mucipares ; *m*, couche musculaire ; *cc*, cavité générale. — Grossis. 102.

Fig. 89. Coupe transversale du même organe. — Gross. 150.

Fig. 90 et 91. Animal entier. Gross. 25, avec ses principaux organes, supposé vu par transparence,

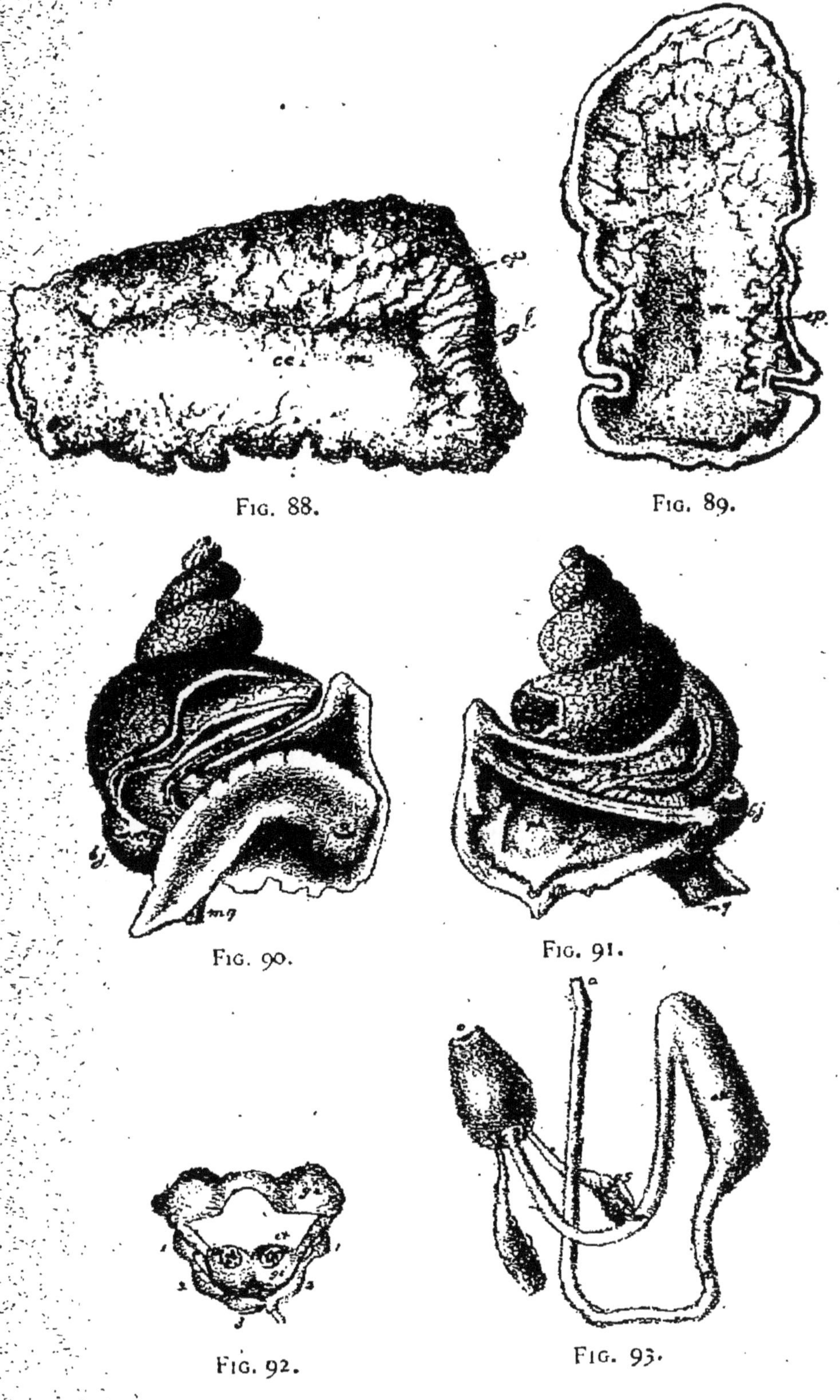

Fig. 88.

Fig. 89.

Fig. 90.

Fig. 91.

Fig. 92.

Fig. 93.

fig. 90, face inférieure, fig. 91, face supérieure. Ces deux figures permettent de suivre la disposition générale des organes et le parcours de l'intestin. Ce dernier s'élève jusqu'à l'estomac, puis revient sur lui-même et finit par venir déboucher dans la cavité palléale, après avoir traversé l'*organe de Bojanus*; la figure 88 montre la disposition générale dans le corps et dans le manteau, le rectum étant situé dans ce dernier au fond de la cavité palléale, et au point de réunion du corps et du manteau se trouve placé l'organe de Bojanus avec le cœur situé derrière. Elle a le caractère de la glande hermaphrodite. Il n'a pas été possible d'étudier les conduits générateurs en raison du peu de développement de ces organes à l'époque où les sujets ont été capturés (juillet). Ils étaient complètement atrophiés chez tous les exemplaires. L'époque susdite est certainement très éloignée de celle de la reproduction de ces animaux.

Fig. 92. Système nerveux. — Gros. 60 fois. Les ganglions susœsophagiens contiennent les otocystes. De chacune des deux paires de ganglions principaux partent deux filets qui se rendent à deux ganglions plus petits de forme triangulaire 1, 1, qui sont les premiers d'une chaîne complète de 5 ganglions.

Fig. 93. Tube digestif dans son ensemble avec incurvation normale conservée. — Gros. 40 fois. *gg*, glande hermaphrodite; *o*, bouche.

Le fait constaté devenait donc d'une grande

importance, puisqu'il mettait notre mollusque en désaccord complet avec tous les autres existant dans la région et en Europe, et qu'il nous permettait d'établir l'hypothèse de son origine. En effet ce caractère le rapprochait du genre *Lowea*, qui habite Madère et qui est représenté par trois espèces.

Notre animal, lorsqu'il est sorti de sa coquille, recouvre d'une portion de son manteau l'épaississement ou callosité qui rend le péristome continu, mais il ne le dépasse pas et en ceci il diffère des *Lowea*, chez lesquels le manteau s'étend sur une notable portion de la partie supérieure du dernier tour de spire, tandis qu'il s'en rapproche par la troncature de l'extrémité postérieure du corps et par le pore muqueux.

Quelques autres habitats se firent peu à peu connaître. D'abord dans un bois situé au delà du Tumulus, qui se voit presqu'au bord de la route menant à la Croix de Mouguères. C'est une excursion à faire, d'abord parce qu'on pourra prendre en cet endroit des *C. monodonta*, d'une variété différant un peu du type par sa forme plus allongée et un peu plus cylindrique; puis parce que, du sommet de la côte de Mouguères, on jouira d'un ravissant spectacle.

Si le temps est propice, dans le sud-est, les cimes élevées et neigeuses des Hautes-Pyrénées dont les découpures se dessinent en arêtes vives, vers les sommets, onduleuses vers les bas, alors que les pentes s'atténuent, se rapprochent et viennent se relier aux contreforts de moins en moins distants de l'œil.

Dans l'est, le cours de l'Adour remonte vers les plaines du Marancin en se perdant au milieu d'un fouillis, dans lequel les arbres dominent et qui prend des teintes de plus en plus bleuâtres pour finir par s'estomper dans l'azur du ciel. Le fleuve passe au pied de la côte, portant ses longs chalands chargés de résine qui ne tarderont pas à arriver à Bayonne.

A droite et à gauche, les lignes ferrées, sur lesquelles la vapeur entraîne des files de wagons; ils apparaissent perçant droit à travers champs et forêts.

Puis Bayonne, sa citadelle, son port, ses remparts, elle montre ses rues resserrées, dont l'ensemble est percé par les flèches pointues de Saint-André et de la cathédrale.

Dans le sud-ouest, se prolongeant au loin, la chaîne qui fait suite aux Hautes-Pyrénées, montagnes moins élevées et que pour cela on intitule Basses-Pyrénées, dont quelques-unes cependant conservent une physionomie de famille. Cette chaîne entre en Espagne et ses contreforts deviennent riverains du golfe; ils servent de limite à l'océan, comme ceux des chaînes qui se succèdent jusqu'au cap Finistère.

Vers l'ouest, c'est l'immense étendue de l'Atlantique, qui s'en va toujours plus loin, à mesure que l'œil s'élève, sans cependant que la vue puisse s'étendre jusqu'au bout, car ici le bout, c'est la côte des États-Unis.

Et c'est de l'embouchure de l'Adour dont on saisit les détails, jetées, tour des signaux, bourrelet de la barre, navires entrants et sortants, embarcations qui pêchent, etc., que semble partir cet épanouissement d'un fleuve se développant en une mer qui s'en va, à mille lieues de là, s'arrêter sur le nouveau continent. Puis, tandis qu'il semble ainsi se perdre aussi loin, on dirait que sa rive droite se prolonge vers le nord en une longue plage sablonneuse rehaussée par la zone verdâtre des pignadas, qui ont l'air de former un autre océan, sur lequel la vue se prolonge jusqu'à la rencontre d'un horizon analogue à celui qui en apparence borne la vraie mer.

Ainsi qu'on peut en juger par cette énumération des diverses perspectives qui se déroulent devant le promeneur venu à la Croix de Mouguères, à mesure qu'il tourne sur lui-même, le spectacle vaut bien la peine qu'on y monte, quand même ce serait à pied que l'on ferait cette excursion.

Le *C. monodonta* se trouve aussi au bord d'un bois que traverse la route de Bayonne à Cambo, le bois de Berriotz, dans sa partie basse, entre le château d'Urdains et le petit village d'Arruns.

Sans doute il y a encore bien d'autres points où cet intéressant mollusque doit se rencontrer : au chercheur de les découvrir, et cette perspective rendra la chasse attrayante.

Nous avons parlé d'une charmante petite espèce l'*Acme cryptomena*, comme appartenant à la région; elle a été rencontrée, depuis que nous l'avons fait connaître en d'autres départements que le nôtre, mais elle n'en demeure pas moins ici un sujet fort intéressant de recherche et nous conseillons fort qu'on s'y livre, c'est surtout dans les mousses qu'elle vit et qu'il faut la chercher.

Il en est de même de l'*Acme lineata*, dont nous avons rencontré une variété *alba* et la variété *Pyrenaïca*, dans la forêt d'Iraty, sur le plateau où se trouve la maison des gardes, qui en raison de son altitude n'y séjournent que pendant la belle saison.

C'est aussi une excursion à faire que celle qui conduira le touriste sur ce plateau, au milieu même de la forêt. L'herbe seule y croît sur chacun des bords du ruisseau qui le traverse, mais il est entouré par des croupes encore plus élevées que lui qui l'encaissent et qui sont couvertes d'arbres magnifiques, majestueux par leurs dimensions, et le développement de leurs ramures. Ce sont les hêtres et les sapins qui dominent dans ces masses touffues dont les rangs sont cependant éclaircis par la foudre qui terrasse ces géants, par la vieillesse qui les fait tomber sur le lieu même où ils ont pris naissance. Il y a beaucoup à faire pour le naturaliste, dans les profondeurs de ces bois qu'on n'exploite pas, faute de moyens de transport. Nous n'avons pu y passer qu'un après-midi, et cependant nous avons recueilli là bon nombre de mollusques parmi lesquels se sont trouvés quelques spécimens d'une variété également blanche du *Pupa Baillensii*, dont nous parlerons bientôt. Nous passâmes la nuit dans la maison des gardes, un orage d'une violence inouïe survint, la pluie, la grêle crépitaient sur le toit de bois, le tonnerre roulait ses grondements mêlés d'éclats furieux, le vent faisait rage s'acharnant contre les arbres qui mugissaient sinistrement tout autour de nous. Le vacarme était déchaîné et modulait des fureurs sur toutes sortes de tons effrayants de vigueur et de persistance, comme pour faire comprendre qu'il entendait détruire, et, en effet, au matin, nous vîmes bien des arbres déracinés, bien des branches arrachées, emportées au loin par le désordre des heures d'ouragan. En vérité, il y avait de quoi effrayer. Cependant cela ressemblait fort aux tempêtes qui quelquefois avaient agité les bâtiments sur lesquels nous nous étions trouvé à la mer, et nous ne ressentîmes pas plus d'effroi que lorsque nous nous étions trouvé secoué par des *Oueno colorado* ou des *Pampères*.

Le *Pupa Baillensii* est encore une espèce que l'on ne rencontre que dans notre région, bien qu'il ne se trouve pas dans le cas des spécialités, en raison de ses rapports avec quelques autres formes du même genre de la contrée pyrénéenne.

Il fut découvert par le savant abbé Dupuy qui, après avoir bien reconnu l'espèce comme inédite et avoir remarqué quels caractères la différenciaient de ses voisines, perdit l'unique exemplaire sur lequel il avait fait ses observations. Attiré par les particularités de la faune locale que nous avions signalée, il vint nous voir et comme nous l'avions mené à Jacquemin, la campagne de notre ami A. Detroyat, en compagnie de celui-ci et de quelques autres amateurs des sciences, à l'effet de lui faire recueillir la *Clausilia Pauli*, chacun se mit à chercher. Mais voilà que tout à coup, le bon abbé pousse un cri de joie en s'écriant : — « Ah ! voilà mon Pupa, oh, c'est bien lui » — et plus il l'examinait, plus il assurait que c'était bien lui. C'était en effet son *Pupa Baillensii* qu'il venait de retrouver et dont il pouvait désormais rendre bon compte. Il en fut ramassé un assez grand nombre d'exemplaires.

On le trouve un peu partout dans le pays, appliqué sur les parois des roches qui sortent de terre, il ne paraît pas craindre leur état de sécheresse. Les spécimens que nous avons rencontrés à Irraty sont tous beaucoup plus grands et gros, même ceux de la *V. alba*, que les sujets qui habitent les parties moins élevées du pays.

Les espèces du genre Pupa sont nombreuses, et quelques-unes appartiennent plutôt aux Pyrénées qu'aux autres régions. Il y en a de même qui sont plus particulièrement alpestres.

Citons : *P. avena, biplicata, Boileauxiana, Braunii, cinerea, dolium, doliolum, Dufourii, edentula, Farinesii frumentum, granum, edentula, megacheilos,*

Michelii, muscorum, Moulinsiana, pagodula, Partioti, polyodon, pusilla, pygmæa, Pyrenæaria, affinis, antivertigo, ringens, quadridens, tridens, secale, triplicata, umbilicata, marginata, variabilis, Venetzii, nana, dilucida.

En grimpant les premières pentes de la montagne Peña plata, en prenant sûr la gauche de la grotte de Sarre, on arrive d'abord à un *cayolar* (c'est ainsi qu'on nomme des abris sur les montagnes destinés à recevoir les bergers et leurs troupeaux, quand le mauvais temps les oblige à chercher un refuge). Puis le sentier, obliquant un peu sur la droite, passe le long de parois de roches presque verticales sur lesquelles nous avons trouvé de très beaux exemplaires d'un *Pupa* voisin du *Pyrenæaria* et qui pourrait bien appartenir à une espèce inédite. Le temps nous a manqué pour l'étudier suffisamment et nous fixer à son sujet. Nous engageons donc les chercheurs qui se décideraient à faire une excursion à la grotte de Sarre — elle en vaut la peine — à monter au cayolar et à chercher notre *Pupa*.

S'ils poursuivent quelque peu leur course, ils apercevront bientôt le charmant village ou bourgade espagnole, qui se nomme harmonieusement *Zugaramundi*. C'est lorsqu'ils auront atteint le plus charmant des ruisseaux dont l'eau gazouillante est aussi claire et limpide que pure et fraîche ; il limite le territoire français et le sépare du pays espagnol ; par une cause que l'on ne peut s'expliquer, cette limite qui tout à l'heure courait dans un tout autre sens suivant le faîte des montagnes partage Peña Plata en travers, descend dans la coquette petite plaine au milieu de laquelle la pittoresque bourgade se pose pour réjouir le coup d'œil, la contourne de manière à l'enclaver dans un cercle de terres françaises, et seulement après reprend un cours rationnel. Elle est en effet fort jolie à voir de loin, cette petite ville de Zugaramundi, avec son joli clocher et ses maisons qu'égaye le soleil lesquelles se détachent en gai sur le fond plus sombre des montagnes. Souvent nous l'avons vue et toujours elle nous a paru comme aimable et gracieuse, mais il ne faut pas se fier aux apparences; si nous y avions pénétré, il est bien possible que nous aurions éprouvé quelque déception. C'est presque toujours ce qui nous est arrivé dans notre vie de marin. Vue du large ou du mouillage la terre apparaît merveilleuse, les villages, les villes, semblent des enchantements, mais combien peu répondent aux rêves que l'œil faisait naître, en ne les voyant que de loin.

Le genre *Clausilia*, dont nous avons déjà parlé lorsqu'il a été question de la *C. Pauli*, présente une particularité qui ne se rencontre de la même façon chez aucun autre mollusque. Quelques-uns s'enferment dans leurs coquilles en les clôturant au moyen de leur opercule; les Clausilies, pour obtenir le même but, se servent d'une pièce calcaire, que l'on nomme le *clausilium* (fig. 94), lequel se serre contre les parois de la gorge lorsque l'animal sort de sa demeure, et qui, lorsqu'il est rentré, reprend son rôle de clôture par l'effet d'une sorte de ressort constitué par une espèce de queue qui demeure appliquée contre la columelle en se contournant avec elle.

Comme espèces, nous avons en France les *Clausilia, bidens* ou *laminata, biplicata, dubia, lineolata, nigricans*, et ses variétés *gracilis* et *obtusa*, les *C.*

FIG. 94. — *Clausilium.*

papillaris ou *bidens, parvula, plicata, plicatula, punctata, Rolphii, rugosa, solida, ventricosa, virgata*, voisine de la *C. papillaris*, enfin *C. Pauli.*

Nous avons découvert à Cambo une nouvelle espèce bien caractérisée par son double labre fortement épaissi dans le haut de l'ouverture, *C. bilabrata.*

Le genre *Balea*, dont la forme se rapproche de celle des Clausilies avec une seule espèce, *B. perversa*, se rencontre sur les troncs d'arbre.

Les *Alexia* fournissent chez nous un petit nombre d'espèces : *A. myosotis, denticulata, bidentata, Firminii, ciliata.*

Cette dernière avait été trouvée en Portugal par notre ami, A. Morelet, nous l'avons rencontrée en abondance, sur les bords de l'Adour, sur les pierres de soutènement qui encaissent le fleuve aux allées marines à Bayonne et sur les parties basses recouvertes d'herbes qui se voient sur les deux rives avant et après le Boucau. Nous l'avons également recueillie à Fontarabie sur les bords de la Bidassoa.

On a voulu que l'*A. ciliata* ne fût armé de poils sur une ligne spirale voisine de la suture que dans son jeune âge et que ce ne fût réellement que l'*A. myosotis.* Nous avons réfuté cette erreur en constatant d'abord que la ligne armée de cils rigides se trouvait sur tous les exemplaires jeunes et adultes ; il est vrai que, lorsque la coquille est vieille, les cils deviennent caducs et tombent, mais après leur chute leurs traces demeurent apparentes pendant longtemps. Puis, nous avons cherché, sans pouvoir en trouver la moindre trace, des cils sur de jeunes *A. myosotis*, sur des coquilles à peine écloses comme sur d'autres un peu plus âgées, et nous sommes demeuré convaincu que les deux espèces ne pouvaient être confondues l'une avec l'autre.

Sur une sorte de petite terrasse, formée par les roches du cap Saint-Martin, au pied de l'espèce d'escalier qui a été établi près du phare pour que les pêcheurs puissent descendre sur la pointe même du cap, on trouve une très belle et très grande variété de l'*A. myosotis*, que nous avons nommée : *var. Hiriarti*. Elle pourrait peut-être même donner lieu à établir une nouvelle espèce.

Les *Carychium* sont de bien petits mollusques, intéressants cependant par leurs jolies coquilles qui rappellent quelque peu les Ringicules.

Nous en avons deux espèces.

C. minimum et *C. exile*.

On les rencontre aux bords des eaux sur les feuilles des plantes qui y croissent.

Dans les prairies voisines de ruisseaux, vit un autre petit mollusque assez difficile à trouver, pour y parvenir le meilleur moyen est de s'étendre sur l'herbe et de la fouiller attentivement presque à sa sortie de terre. C'est la *Cæcilianella* que l'on a considérée longtemps comme appartenant aux Achatines. Leurs tests sont fins, allongés, transparents, élégants, de forme ; c'est une agréable trouvaille à faire. Ils varient assez dans leur taille et présentent des nuances de forme que l'on a assez considérées pour en faire plusieurs espèces, nous n'y voyons que des motifs de variétés de la *C. acicula*.

Le genre *Zua* fournit des spécimens en grand nombre, on le rencontre un peu partout, les coquilles en sont très brillantes et gracieuses. Espèces : *Z. lubrica*, *Z. Boissii*.

Les *Azeca* possèdent des coquilles tout aussi brillantes que celles des Zua, elles en diffèrent surtout par les détails de leur ouverture, un peu aussi par la forme plus allongée.

Les espèces de France sont :

A. tridens, Nouletiana et *Mabilliana.*

Une des plus gracieuses coquilles de notre pays, celle des Succinées ou Ambrettes, en raison de leur couleur d'ambre, présente de faciles recherches à faire, car elles sont généralement en nombre aux lieux qu'elles habitent. C'est surtout dans les prairies humides qu'il faut leur faire la chasse.

Les espèces du genre qui vivent chez nous, sont :

S. elegans, dont quelques individus d'une taille énorme ont été trouvés aux bords de la route qui mène de Bayonne au Boucau. Il y en a également de fort beaux sur les bords de l'Estier-d'Illianz ; généralement ils atteignent de grandes dimensions dans la région.

S. longiscata, beaucoup plus allongée par suite d'un diamètre moindre, ce qui lui imprime encore plus d'élégance.

S. elongata ou *oblonga, S. humilis, S. Pfeifferi.* Celle-ci se rencontre assez facilement à Villefranque, près des carrières d'Ophite, dans lesquelles on trouve de fort jolis cristaux d'Asbète, formant des faisceaux d'aiguilles longues et ténues qui font un très joli effet. Non seulement nous avons trouvé là des sujets de *S. Pfeifferi*, pouvant, par quelques divergences avec le type, constituer une variété, mais à leur côté des Talitres et des Gammarus qui paraissaient s'être accoutumés à la vie aérienne. Ils s'étaient cantonnés dans des cavités de la roche, à plus de 100 mètres de la rivière, trous dans lesquels ils avaient pu trouver de l'eau en y arrivant, mais où il ne s'en trouvait plus depuis fort longtemps. Rien en eux ne semblait dénoter un malaise, ils étaient tout aussi alertes que sur les sables imprégnés d'eau des plages.

Nous avons encore comme Succinées, la *S. putris* ou *amphibia*, *S. debilis*, *S. Baudoni*, *S. acrambleia*, *S. Charpentieri*, *S. parvula* et *S. arenaria*, dont on peut recueillir d'assez intéressants échantillons sur les falaises du phare Saint-Martin en descendant la rampe qui conduit à la plage.

Le genre *Bulimus*, qui dans les régions tropicales compte de si belles et si grandes espèces, ravissantes parfois en raison des couleurs qu'elles étalent sur leurs tests, est assez pauvrement représenté en France ; nous n'avons que quelques petites espèces qui ne brillent guère par leur coloris, mais dont les formes sont assez gracieuses.

Ce sont : le *B. acutus*, que l'on rencontre par centaines aux approches de la mer, vivant sur les herbes qui croissent dans les sables des dunes. A Fontarabie, il atteint de grandes dimensions, proportionnellement, bien entendu ; il est facile à reconnaître à sa forme allongée.

B. decollatus ou *truncatus*, cette espèce ne vit guère que dans le Midi ; jeune, sa coquille est normale, c'est-à-dire qu'elle montre toute sa spire, depuis le premier tour ; mais, lorsqu'elle est adulte, elle rompt la partie première (deux ou trois tours) et cicatrise la troncature, mais le septum est établi de façon à être très poreux. Nous allons dire ce qui, suivant nous, motive cette troncature et cet état poreux de la cicatrice. Lorsque l'animal veut pondre, il enfonce assez profondément la base de sa coquille dans une terre compacte et l'ouverture se trouve alors parfaitement close; l'air ne peut arriver à l'animal et, évidemment, il périrait si par la troncature qui demeure bien en dehors l'air ne pénétrait pas et n'arrivait pas tout le long de l'animal jusqu'aux organes de la respiration. C'est par suite d'expériences faites sur des *B. decollatus* que nous avons acquis la certitude que, lors de la ponte, la respiration se faisait par l'intermédiaire de la décollation. Le même fait peut se remarquer sur quelques espèces de Cylindrelles qui opèrent, elles aussi, la décollation de leur sommet et dans le même but. Cette particularité pourrait être regardée comme analogue à ce qui a lieu chez les operculés qui trouvent le moyen de recevoir de l'air lorsque l'opercule les a clos, soit par les pores de leurs tests, soit par des canaux pratiqués autour de l'ouverture, soit par des conduits établis près d'elle toujours dans le même but. Un Cyclostome de Bornéo fournit un très singulier exemple de cette disposition pour l'introduction de l'air en dedans de l'opercule. En dehors du test (fig. 95), on trouve sur lui une petite corne A, qui est tubulaire et qui remplit cette fonction. Nous aurions beaucoup d'autres particularités à citer, qui sont tout aussi curieuses que celle-ci et qui sont toutes destinées à remplir le même usage.

B. detritus ou *radiatus*. Rare dans notre pays.

B. montanus. Nous l'avons trouvé sur le plateau d'Iraty, il est rare.

B. obscurus.

B. ventricosus ou *ventrosus*, ressemblant au *B. acutus*, mais plus court et plus ventru.

Fig. 95. — Cyclostome, le Feré de Bornéo.

Les Vitrines *(Vitrina)* ont des coquilles, qui en effet présentent quelqu'apparence de verre, elles sont minces, diaphanes, très légèrement jaunâtres, leur dernier tour est de beaucoup le plus grand, leur forme est gracieuse. Elles vivent dans les mousses, sous les feuilles, dans les lieux humides ou frais. Nous n'en avons pas beaucoup d'espèces, ce sont les *V. subglobosa*, *V. diaphana*, *V. elongata*, *V. pellucida*, *V. pyrenaica*.

Il est assez difficile de les distinguer, les caractères qui les différencient étant peu accentués.

Le genre *Helix* est celui qui compte en France le plus grand nombre d'espèces, parmi lesquelles il s'en trouve qui présentent des particularités dignes d'être remarquées. Telles sont par exemple :

L'*H. aculeata*, fort petite, mais hérissée de pointes triangulaires, qui ornent son test de couleur brunâtre. Elle se trouve assez facilement dans les Pignadas, sous les feuilles mortes et dans les mousses.

L'*H. bidentata*, dont l'ouverture porte deux dents.

L'*H. obvoluta*, velue, dont l'ouverture presque triangulaire est ornée de trois protubérances qui font saillie au dedans.

L'*H. Rangiana*, espèce rare des Pyrénées-Orientales, type à part, qui de ce côté des Pyrénées est l'analogue de l'*H. constricta* dans l'ouest.

L'*H. pyramidata* et sa voisine l'*H. trochoides*, qui par leur forme très conique se séparent des autres.

L'*H. pomatia*, la plus grande de nos espèces, qui se mange, ainsi que plusieurs autres.

L'*H. algira*, qui vient après elle comme taille, et qui ne se trouve qu'en Provence. Elle est aujourd'hui rangée parmi les Zonites.

Les autres espèces sont :

H. albella, alpicola, alpina, altenana, aperta, apicina, arbustorum, arenosa, aspersa, candidissima, candida, Canigonensis, cantiana, caperata, carascalensis, carthusiana, Carthusianella, cespitum, ciliata, cinctella, Cobresiana, Companyonii, conica, conoidea, conspurcata, cornea, costata, costulata, depilata, Desmoulinsii, elegans, ericetorum, explanata, fasciolata, fœtens, Fonteneillei, fruticum, fusca, glabella, glacialis, hispida, holosericea, hor-

tensis, incarnata, intersecta, lactea, lapicida, lauta, lenticula, limbata, lineata, maritima, melanostoma, montana, monodon, muralis, naticoides, neglecta, nemoralis, Niciensis, obvoluta, Olivieri, Orgonensis, Paladilhei, personata, pisana, plebeia, ponentina, pulchella, pygmæa, pyramidata, pyrenaica, revelata, rhodostoma, rotundata, ruderata, rufescens, rugosiuscula, rupestris, sericea, serpentina, splendida, striata, strigella, submaritima, sylvatica, Telonensis, terrestris, Terverii, trochilus, trochoides, undulata, unidentata, unifasciata, variabilis, vermiculata, villosa, virgata, zonata, etc.

Quelques formes à tests vitreux ou minces, tous déprimés à ouverture tranchante, ont été détachées des hélices et ont servi à former le genre *Zonites*. Les espèces qui vivent chez nous sont au nombre d'une douzaine environ.

Z. alliarius, ainsi nommé parce que l'animal répand une assez forte odeur d'ail ou en approchant.

Z. cellarius sous les pierres dans les lieux humides.

Z. nitens, *Z. nitidus*, *Z. lucidus*, *Z. nitidulus*, *Z. glaber*, ces espèces se ressemblent beaucoup.

Z. crystallinus et ses variétés, *hyalina*, et *diaphana*.

Z. olivetorum, grosse espèce, qui contrairement aux autres est presque globuleuse.

Z. purus, *radiatulus* ou *striatulus*.

Les genres de nos contrées, qui sont operculés,

sont au nombre de trois, les Clyclostomes, les Pomatia et les Acmés. Ce sont les pulmonés terrestres.

Le genre *Cyclostoma* n'est représenté que par deux espèces, *C. elegans* et *C. sulcatum*.

Les espèces de *Pomatia* sont:

P. obscurum, P. patulum, P. maculatum, P. crassilabrum P. Partioti, P. Carthusianum, P. Hidalgoii.

Cette dernière espèce était regardée comme espagnole, parce que les individus sur lesquels elle a été décrite avaient été trouvés à Bilbao, mais nous l'avons recueillie à Hendaye sur le chemin qui mêne de cette localité à Behobie.

Le genre *Acme* dont nous avons déjà parlé est représenté chez nous par *A. fusca, A. lineata* et sa *var. pyrenaica, A. cryptomena, A. Moutoni, A. Dupuyi.*

Enfin par la plus grande de toutes les espèces, puisqu'elle est à peu près six fois égale en volume à l'*A. cryptomena*. Elle a été découverte près de Menton par notre regretté ami Nevill, alors qu'il cherchait à rétablir sa santé ruinée par le climat de l'Inde, où il était directeur du Muséum de Calcutta. Il l'a nommée *A. Folini.*

Il nous reste à considérer les mollusques nus et ceux qui n'ont qu'un rudiment de coquille destiné à préserver la partie de l'animal où se trouve l'organe de la respiration.

Ce sont d'abord les *Limax* (limaces), qui sous

l'écusson contiennent un semblant de test, qu'on nomme *limacelle.*

Les espèces de ce genre sont :

L. agrestis, L. alpinus, L. arborum, L. brunneus, L. cinereo-niger, L. gagates, L. marginatus, L. maximus, L. sylvaticus, L. variegatus, L. bilobatus, L. argillaceus, et, quelques autres encore assez mal déterminées.

Les Arions *(Arion)* diffèrent des Limaces, surtout en ce qu'ils ont une fente muqueuse située à la partie extrême de leur corps, quelques-uns sont pourvus d'une sorte d'embryon de test qu'on nomme *Calixopsis* et qui parfois est si peu de chose qu'il ne peut se trouver. Nous avons rencontré des spécimens de dimensions énormes à Olhete.

Espèces : *A. albus, A. flavus, A. fuscatus, A. hortensis, A. rufus. A. subfuscus, A. succineus, A. hibernus, A. rubiginosus, A. verrucosus.*

Parmacella : ce genre se distingue par une échancrure de l'écusson ou cuirasse, dans laquelle s'insère un petit test presque plat. Il n'est pas aisé de s'en procurer.

Espèces : *P. Gervaisii, P. Valencienii* vivent en Provence.

Testacella : chez ces mollusques, c'est en arrière du corps qu'est situé l'appareil respiratoire, qui est recouvert par une petite coquille.

Espèce : *T. haliotidea,* une très belle variété blanche, habite Biarritz et ses environs.

T. Companyonii, T. Maugei, T. bisulcata.

CHAPITRE XIII

LES POISSONS

I. — LES POISSONS DE MER

De nombreux poissons vivent dans les eaux du littoral de la France. Nous renvoyons ceux qui désireraient faire connaissance avec chacun d'eux au bel ouvrage du savant Dr Moreau, dans lequel ils trouveront les détails nécessaires pour avoir une idée très exacte de toutes les espèces[1].

Nous nous contenterons ici d'indiquer ceux qui peuvent fournir, aux gens qui viennent à Biarritz pour y passer quelques journées de distraction, l'occasion de faire une pêche amusante. Chacun choisira celle qui sera le plus de son goût.

Vers la fin de l'hiver, l'*Anchois* et la *Sardine* se montrent aux approches des rivages et les pêcheurs arment des embarcations que l'on nomme *Traî-*

[1] Moreau, *Les Poissons de France*.

nières, pour aller en capturer le plus qu'ils peuvent. Quelquefois ils dépassent la mesure et n'arrivent pas à vendre tout ce qu'ils ont rapporté. Nous avons déjà parlé[1] d'un signal à feu, perché sur l'Atalaye, qui servait autrefois à indiquer aux bateaux allant en pêche les points où se trouvaient les bancs de sardine ; on n'en fait plus usage aujourd'hui. Pour quelles raisons ? D'abord, parce que le poisson se rapproche davantage de terre et aussi parce que les pêcheurs de notre temps se trouvent suffisamment renseignés sur la position des bancs par la présence des nombreux Marsouins qui y prennent leur repas.

Cette pêche qui se fait d'une façon toute particulière est vraiment fort curieuse à voir et réjouirait fort, nous en sommes convaincu, les flâneurs cherchant une distraction non commune.

En effet, ainsi que nous venons de le dire, les Marsouins qui s'agitent sur un espace restreint signalent le gisement où se trouvent les sardines. On approche, et lorsqu'on est assez près, on distingue bien facilement les gros poissons qui s'élancent sur la masse compacte des petits rassemblés les uns auprès des autres à se toucher, en engloutissent des douzaines, font des bonds hors de l'eau, retombent de tout leur poids sur le milieu grouillant, désemparent des centaines d'individus dont le sang vient rougir l'eau, prennent un nouvel élan

[1] Voy. p. 18.

en dehors du banc, se précipitent sur lui avec plus d'impétuosité, meurtrissent, tuent, massacrent, avalent et recommencent encore.

Mais la traînière n'est plus qu'à une longueur d'embarcation de cette scène où tant de drames ont lieu, elle va y mettre fin; cependant son intervention sera encore plus cruelle que ne le sont

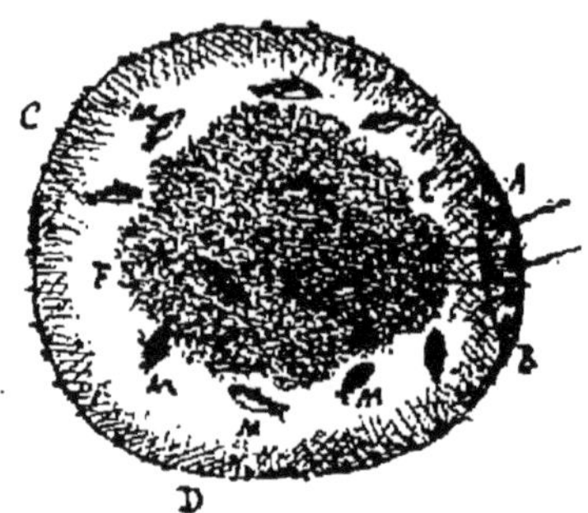

Fig. 96. — Traînière : ABDC, le filet EF, le banc de sardines; MMM, marsouins.

les actes des Marsouins : l'homme, lui aussi, poussé par le même besoin, va prendre la vie non pas de centaines, mais de milliers de ces petits êtres qui eux-mêmes ont cherché leur existence au détriment d'organismes plus petits. C'est la nécessité de la subsistance, la lutte pour l'existence, qui pousse l'homme, le cétacé, la sardine à vivre aux dépens du plus petit.

C'est à cette distance d'une longueur d'embarcation du banc des poissons que la traînière met son filet à l'eau en décrivant une grande courbe qui entourera *le rouge* (fig. 96), c'est ainsi que les Biarrots désignent l'amas des sardines, soit en raison de la couleur foncée qu'il revêt et qui se détache sur le bleu de la mer, soit qu'il soit bien souvent teinté en rouge par le sang répandu sous les atteintes des Marsouins. Lorsque l'entourage est complet les hommes du bateau serrent bien doucement des coulisses au moyen desquelles le filet se transforme en une vaste poche renfermant dès lors tout le banc des poissons (fig. 97). En cet instant,

FIG. 97. — Le filet faisant poche, les pêcheurs avec les avaneaux prennent les sardines qui s'y trouvent enfermées.

les bonds des gros animaux, qui sont enfermés eux aussi, et qui s'en aperçoivent, deviennent plus violents, et leurs sauts plus élevés ont pour but de franchir les limites qui les enserrent. Le moment est divertissant, surtout pour ceux qui n'y sont point habitués; il se passe là des scènes qu'on pourrait presque dire de voltige, de clownerie, qu'on ne peut voir ailleurs; le spectacle est en même temps original et amusant, parfois même émouvant. Mais les matelots de la traînière ont autre chose à faire que de s'y amuser : aussitôt la poche fermée, ils élongent le filet le long de leur bord et s'arment d'aveneaux avec lesquels ils plongent dans la purée, car c'en est bien une que ce fouillis de petits poissons. On comprend combien il leur est facile de les remplir pour les vider dans leur barque, pour les remplir encore et cela jusqu'à ce qu'ils aient épuisé ce filon d'une mine dont ils retrouveront une nouvelle veine le jour qui va suivre.

La pêche du *Maquereau* présente aussi ses charmes, elle ne peut se faire qu'autant qu'une bonne brise imprimera à l'embarcation une assez grande vitesse. Il faut en effet, que les lignes, au bout desquelles on place un appât factice simulant un petit poisson, demeurent bien tendues et que l'appât semble nager rapidement.

Une disposition ingénieuse permet aux pêcheurs qui ont plusieurs lignes à la traîne, d'être immédiatement informé de la capture d'un Maquereau et en même temps de reconnaître sur laquelle des lignes il est pris. Voici en quoi elle consiste (fig. 98). De grandes gaules, AB, sont appliquées tribord et babord du bateau, le bout de la ligne non amorcé se fixe en D, D′, D″ et sur l'arrière ou sur le plat bord. De ce point elle va en C, C′, C″ s'amarrer au moyen de ce que l'on appelle une *bosse cassante* sur la gaule. Cette bosse se rompt lorsque, le poisson pris, la résistance qu'il oppose et en même temps son poids produisent en C un surcroît d'effort contre lequel elle ne peut tenir. Par suite la ligne s'échappe et prend la direction DE, le pêcheur se hâte de la saisir, hâle dessus et ramène à bord, à moitié noyé, l'animal qui s'est laissé prendre et que la traction empêche de respirer; l'eau pénétrant avec force dans sa bouche ouverte finit par l'étouffer.

Lorsque les Maquereaux sont nombreux et qu'il vente un peu frais, cette pêche est fort amusante, elle intéresse non seulement par les à-coups fré-

FIG. 98. — Pêche du Thon et du Maquereau.

quents qui déterminent les ruptures des bosses cassantes, mais encore parce que, presque vivant encore, le Maquereau, à son arrivée dans le bateau, déploie tout le luxe de sa livrée semi-métallique.

Le *Chichard* est une variété qui ne vaut pas le véritable maquereau.

La pêche du *Thon* ou *Germon* se fait dans les mêmes conditions et par les mêmes procédés, seulement on emploie de plus fortes lignes armées de plus forts hameçons. Comme appât on se sert aussi d'une feuille de maïs effilochée, elle prend dans l'eau, sous l'influence du courant, l'apparence de l'Ancornée, un des Céphalopodes de la région, dont les Thons sont très friands.

Une excursion à bord des bateaux allant à la pêche du Thon et du Maquereau par un bel après-midi d'été offrira aux curieux et aux amateurs de sport des chances de se bien récréer.

Ces pêches ne sont peut-être pas strictement zoologiques, dans le sens que nous avons attribué à ce mot ; cependant le naturaliste qui les fera pourra parfois rencontrer parmi les poissons pris des variétés à signaler. Il pourra aussi recueillir sur leur peau, sur leur langue, dans leurs ouïes ou branchies, des parasites curieux, et se procurer parmi eux non seulement des raretés, mais peut-être bien quelque nouvelle espèce.

Il en sera de même si l'on examine avec soin les poissons dont nous allons parler.

Le *Saumon* et l'*Alose* se pêchent en dessous de Bayonne au trémail. Il y a bien une trentaine de couralins, petites embarcations plates, qui, au moment du jusant, jettent leurs filets en l'élongeant en travers de la rivière ; le courant l'entraîne, un homme avec ses deux avirons fait suivre le bateau, tandis qu'un autre conserve le bout de la fune à la

Fig. 99. — Une pêcherie de Saumon sur la rive, le Mondarain dans le fond.

main, hâlant dessus pour la raidir si elle prenait trop de mou. Lorsque le couralin et le filet sont arrivés près de la barre, on relève celui-ci et on remonte en amont du Boucau et même jusqu'au haut des allées marines pour recommencer la même pose du trémail et la même descente. Dans le parcours, le Saumon qui entre en rivière à contre-courant rencontre la nappe étendue et si l'eau n'est pas trop claire il s'emmaille et demeure captif. Parfois on en trouve deux ou trois de pris dans la même descente; avouons que la chose est rare. Quelquefois au lieu de Saumons ce sont des Aloses qui se sont emmaillées. En quelques cas, ce sont Saumons et Aloses.

Au-dessus de Bayonne et dans la Nive jusqu'à la première Nasse près d'Ustaritz, c'est à la seine que ces poissons se prennent.

Au delà de ce point, on établit des barrages en ne laissant sur une des rives qu'un petit chenal (fig. 99) dans lequel une roue à aubes D entraîne des poches A, qui enlèvent le poisson, au moment où il s'élance pour franchir l'espace resserré. De la poche il est rejeté sur un plan incliné E, qui l'envoie dans une auge B, placée sous un abri C; ce mode de pêche est également employé dans les Gaves, qui se jettent dans l'Adour.

La pêche du Saumon et de l'Alose se fait à partir du mois de février et se prolonge jusque vers le milieu de juin.

Dans la Fosse de Cap-Breton, où le *Merlus* est

très abondant, les pêcheurs avec leurs excellentes embarcations que nous avons décrites ailleurs[1], vont tendre des trémails d'une longueur de 100 mètres environ dans la fosse, ils les élongent avec soin et les immergent jusqu'à une certaine profondeur. Les filets demeurent ainsi tendus pendant 24 heures, parfois plus si le mauvais temps empêche qu'on aille les relever. Le poisson qui en cet endroit est à l'abri des grosses lames en raison de la profondeur, s'y amasse en préférant ces lieux à d'autres, on pourrait presque dire qu'il y fourmille, il s'emmaille plus facilement qu'ailleurs parce qu'à la profondeur où se trouve le trémail il ne voit pas très bien et demeure pris sans pouvoir s'échapper. Mais on ne retrouve pas toujours tous les prisonniers, les chiens de mer, rencontrant là une proie qui ne peut fuir, se jettent sur elle et la dépècent; toutefois pendant qu'ils sont en train de dévorer, il leur arrive à eux aussi de s'engager dans les nappes du trémail et ils y demeurent captifs tout comme les autres. Après avoir fait des tentatives désespérées pour s'échapper, ce qui cause souvent de graves avaries aux filets, ils ont la même destinée que les Merlus et vont grossir le butin qui s'entasse au fond des pinasses, et qui est composé non seulement de squales et de poissons, mais aussi de Crustacés, de Crabes tourteaux, de Homards et de Langoustes.

[1] De Folin, *Sous les mers.*

S'embarquer sur une pinasse allant relever les trémails tendus dans la Fosse, par une belle mer et

Fig. 100. — La pêche du Merlan : 1, Balia. — 2, 3, les Caritz. — 4, Rocher de la Vierge. — 5, le Cachaao.

un beau jour d'été ou d'automne, procurera aux touristes et aux sportsmen quelques instants d'un fort agréable plaisir.

Par moments, des troupes de *Merlans* s'approchent des plages de Biarritz, la nouvelle est bientôt connue des pêcheurs, qui s'empressent d'embarquer dans leurs canots (fig. 100) et qui parfois prennent une si grande quantité de ces poissons qu'ils rentrent complètement chargés.

La même chose a lieu en dehors de l'Adour où les marins du Boucau font également des pêches extraordinaires, c'est par milliers de kilogrammes que se comptent quelquefois les poissons pêchés.

Il arrive en certains moments que les bateaux de pêche apportent à Biarritz des *Girelles* (Julis) qui sont assurément les demoiselles les plus coquettes de la mer. Leur robe est en effet teintée des plus brillantes couleurs prises au rouge de toutes les nuances, qu'elles portent sur des formes élégantes et gracieuses. Mais comme comestibles, elles ne sont que médiocres.

Également médiocres les *Rougets* de notre côte, c'est cependant le surmulet si prisé des Romains. Ce sont surtout les chalutiers qui en apportent et peut-être que pas mal roulés dans le filet, parmi les les autres poissons plus gros qu'eux, ils subissent dans le remue-ménage une sorte de trituration qui altère leurs qualités.

Pendant la belle saison, les *Éperlans* se montrent assez abondants dans l'anse de Chibane près du Port des Pêcheurs ; aussi il y a des jours où nombre d'amateurs perchés sur les rochers armés de courtes cannes de pêche si on les compare à celles ordinairement en usage à Biarritz, cherchent à prendre quelques-uns de ces petits poissons. C'est au moment du premier flot qu'il faut tenter la chose, alors que l'Éperlan, qui s'est enterré dans le sable à la fin du jusant, en sort pour courir sus à sa proie.

En effet, au lieu de courtes cannes, ce sont d'immenses gaules qu'emploient ceux qui veulent pêcher la *Loubine*. C'est au pied du phare, dont les roches ont été appropriées pour la commodité des pêcheurs, que se trouve une des stations de cette pêche; puis, au delà du Rocher de la Vierge, les massifs de béton qui devaient enfermer le port qu'on voulait établir en cet endroit, constituent un second point. C'est surtout là que se montrent les plus grosses Loubines, il y en a de 7, 8 et 10 kilos, mais elles sont fort rusées et ne se laissent pas prendre, il est rare qu'on en capture.

Le troisième point de rendez-vous des amateurs de cette pêche est sur le quai qui borde au nord la baie de la côte des Basques ; c'est avec le flot qu'il faut commencer à tenter l'aventure.

La *Pigache* est une variété de la Loubine, c'est le nom que ce poisson moucheté porte à Biarritz. On le prend plus facilement que l'autre.

Avec des trémails faits de très fort et très gros fil, on pêche l'*Ange de mer (Squatina Angelus)*, qui est médiocre comme chair, mais dont on fait sécher les ouïes, pour en façonner de petits poissons, appâts factices destinés à la pêche du Maquereau.

Une palangre consiste en un système d'hameçons boîtés, c'est-à-dire amorcés fixés sur des avançons de 50 centimètres de longueur environ, lesquels viennent s'amarrer à égale distance les uns des autres sur une longue cordelle, l'âme du système ou la tresse, comme on dit à Biarritz. A chacune de ses extrémités une pierre est fixée et sur l'une d'elles une cordelle est soutenue sur l'eau par une petite bouée en liège, lorsque l'appareil est mouillé étendu sur le fond. C'est avec ce système que se prennent les Rousseaux *(Pagellus)*.

A Bayonne, dans l'Adour, on tend des palangres pour pêcher l'*Anguille*, et souvent il s'en prend de fort grosses.

Quelquefois des *Maigres* ou *Sciennes* qui remontent avec le flot sont capturés par cet engin.

Des *Bars* ou *Loubines* se trouvent également dans ce cas.

A Biarritz, les *Muges*, qu'on dit aussi *Mulets*, se pêchent à la ligne.

On y fait de même, dans les parties rocheuses, la pêche de ce qui s'appelle le *petit poisson*. Il y en a de pas mal d'espèces et quelques-unes sont représentées par des individus parés des plus brillantes couleurs. Les principales portent dans le pays les noms suivants :

Cabre, Crabe ou *Chèvre (Scorpène)*, coloré en rouge.

Trincognat, rouge et jaune,

Curé, bleu, rouge et noir.

Tacart, blanc à bandes noires.

Mus de porc, rouge, taché de noir à la queue.

Pesquite, rouge tacheté de vert.

Vieille, gris moucheté.

Caban, noir.

Dorade, rouge doré.

Caman, rose.

Verrue, gris moucheté.

Rascasse, rouge tacheté de gris.

Grondin (Trigle), rouge, avec une autre espèce ou variété, qu'à Biarritz on appelle *Pirlons*.

Congre, *Anguille de mer*.

Murène ou *Moreine*, que les Romains engraissaient dans des viviers, en les nourrissant d'esclaves condamnés à mort.

Tous ces poissons sont recherchés; parce qu'ils vivent sur des fonds de roches, on dit qu'ils ont beaucoup plus de finesse et de saveur comme goût que ceux se nourrissant sur d'autres fonds; leur pêche est amusante à faire. On peut passer, par une belle journée, un agréable après-midi, en louant un bateau et les engins de pêche nécessaires et en allant sur les fonds que connaissent bien les marins du port.

Dans le cours de l'été, arrive dans les parages de Biarritz un très singulier poisson, dont la tête ressemble fort à celle du cheval. Il est nommé *Hippocampe (Hippocampus)*. Espèces : *H. guttulatus*, *H. brevirostris*.

Comme voisins de ce genre, sont les *Syngnathes (Syngnathus)*, parmi lesquels peuvent se rencontrer : les *S. acus*, *S. Ethon*, *S, Dumerilii*, *S. abaster* (fig. 101).

Puis les *Siphonostomes (Siphonostoma)*, qui sont

généralement méditerranéens, mais dont on peut rencontrer une espèce sur notre côte, le *S. Rondeletii* (fig. 102).

Enfin, le genre *Nerophis* qui s'en rapproche légèrement (fig. 103).

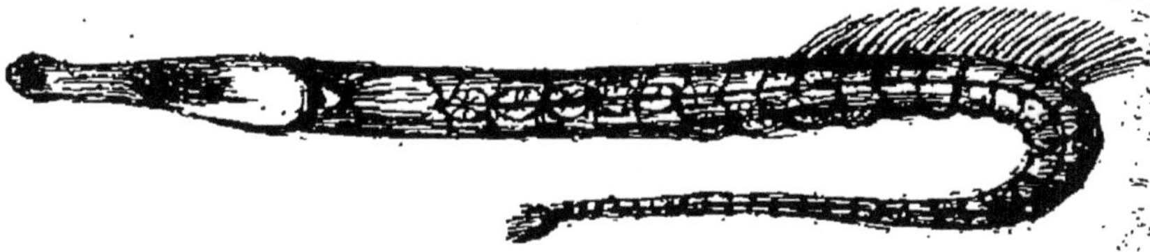

Fig. 101. — Syngnathe.

Fig. 102. — Siphonostome.

Fig. 103. — Nerophis.

Il nous reste à parler de la pêche au chalut, qui est la plus productive et qui se fait au large par 30, 40, 50, 60 mètres de profondeur, quelquefois plus. C'est sur les fonds de sable ou de sable vasard que le bateau, soit à vapeur, soit à voiles, traîne un filet, dont l'envergure a parfois 10 à 12 mètres et dont la poche est à peu près aussi profonde (fig. 104). A ses extrémités, deux patins

AFH et BCE en fer A et B, portant des quarts de cercle et reposant sur les côtés de l'angle droit qu'ils forment, sont reliés en haut par un espar EF; de cette façon la poche demeure toujours ouverte. Elle est armée en GH, d'une petite chaîne ou de plombs, qui, en alourdissant la ralingue du filet, la font quelque peu pénétrer dans le sable, ce qui force les poissons qui s'y trouvent à chercher à en sortir; mais le mouvement en avant, que suit l'engin, les

FIG. 104. — Chalut.

entraîne vers le dedans et ils se trouvent bientôt au fond de la poche, où une disposition de la nappe les empêche de sortir.

Pour chaluter, il faut une petite vitesse, le filet devant lentement progresser sur le fond. Si c'est avec un bateau à vapeur que l'on pêche, il faut marcher doucement, ne pas dépasser deux nœuds. Si c'est avec un bâteau à voiles, c'est la dérive qui convient le mieux pour traîner le chalut, c'est ce qui explique cette énorme quantité de petites voiles qu'il était facile d'orienter pour dériver que portaient les Muletas du Tage, ces chalutiers portugais.

Pour ceux qui ne sont pas sujets au mal de mer provoqué à bord des chalutiers non seulement par les mouvements du bateau, mais aussi par les odeurs de poisson dont sont imprégnées toutes les parties du navire, c'est un intéressant petit voyage de vingt-quatre heures que celui que l'on peut faire, en prenant passage sur un des bateaux à vapeur de Biarritz, allant pêcher sur les fonds qui se trouvent à peu près à la hauteur du phare de Contis.

La mise à l'eau du filet sera pour eux une curieuse manœuvre, aussi bien que celle qui procédera au relevé de l'engin.

Puis quand, la poche vidée, on aura sous les yeux cette masse de poissons de toutes sortes, de Crustacés, de Polypiers, d'Echinides, de Vers, de Mollusques qui y sont mêlés, on jouira vraiment d'un spectacle étrange et on se trouvera dédommagé de ce que l'on aura pu éprouver de malaise à bord de ces bateaux, qui, il faut le reconnaître, ne sont pas faits pour rivaliser avec les paquebots.

De la patience.... la pêche terminée, le chaluttier mettra le cap sur Biarritz et l'excursionniste sera bientôt rentré dans un confortable appartement.

Les espèces qui se prennent au chalut sont les Soles, les Fletans, les Turbots, les Barbues, les

Raies de plusieurs espèces. En général, tous les poissons plats.

Une disposition des yeux chez ces animaux est à remarquer ; comme ils pénètrent à plat dans le sable, les yeux, au lieu de se trouver de chaque côté de la tête, si l'on s'en rapporte à la direction de la bouche, sont placés tous deux sur le dos, c'est-à-dire sur la partie qui demeure supérieure lors de l'enfouissement. C'est du reste très naturel : à quoi serviraient-ils en dessous?

On prend aussi au chalut des Rougets, des Grondins, des Merlus et quelques autres espèces.

II. — LES POISSONS DES EAÛX DOUCES

Nous ne compterons pas comme appartenant aux eaux douces le *Saumon* et l'*Alose*, qui n'y paraissent que pour y frayer et qui les quittent, cette importante fonction accomplie, retournant à la mer, lorsqu'ils n'ont pas été capturés pour être dépecés sur les marchés ou pour paraître cuits en entier sur les tables des banquets, des noces, des festins en un mot.

Mais à côté d'eux vient la *Truite*, qui, lorsqu'elle est de taille et provient de certains lacs ou rivières, les vaut bien. La Truite ordinaire elle-même est très fine et procure surtout le plaisir de la pêche la plus attrayante, la plus amusante en effet lorsqu'on la fait à la ligne volante avec des mouches artificielles. Elle est très émouvante, par cette raison que, pour lancer sa mouche assez dextrement pour qu'elle simule bien une mouche naturelle tombant sur l'eau il faut pas mal d'adresse, il est nécessaire d'employer pour cela une canne flexible surtout à son extrémité fine, très fine doit-elle être et conséquemment incapable d'extraire de son élément le poisson qui s'est laissé piquer par l'hameçon, en croyant happer un moucheron : on doit donc en conséquence combattre avec lui, l'empêcher surtout d'aller toucher le fond, il le frapperait d'un coup de tête, qui ferait déraper l'hameçon et il s'enfuirait à la confusion du pêcheur. Il faut en conséquence le noyer, c'est-à-dire le mener de çà de là en faisant entrer vivement le plus d'eau possible dans sa bouche ce qui encombre les branchies lesquelles ainsi approvisionnées avec excès ne peuvent plus fonctionner. Il se pâme alors et l'attirant près du bord on s'en empare au moyen d'une épuisette. La lutte a eu ses péripéties, on a vu le moment où l'on allait perdre sa capture, l'angoisse se comprend; mais lorsqu'on tient en main une belle truite d'un à deux kilos, on est réjoui, oui, très réjoui.

Dans les Pyrénées et surtout dans la région de l'extrême sud-ouest où les cours d'eau sont nombreux à l'excès, les truites sont communes, mais elles demeurent petites, même dans les lacs des sommets où il s'en trouve, elles sont également de taille médiocre. Nous en avons pris qui étaient presque noires dans l'Urbelcha (eau noire) qui traverse le plateau d'Iraty.

Le *Brochet* est assez commun dans l'Adour et la Nive, dans les lacs d'Irieu, et autres. Il est particulièrement bon dans celui de la Négresse.

On peut pêcher de très grosses *Carpes* dans l'Adour; mais, plus facilement qu'ailleurs, dans la Nive, au bas du coteau de Villefranque, où la rivière fait un coude; elle est très profonde, en cet endroit, et, dans ce creux, d'heureux pêcheurs ont pris des Carpes de sept à huit kilos.

Un jour, remontant cette rivière dans un de nos couralins, au moment de la fin du jusant, nous aperçumes, échoué sur la vase d'une des rives, un gros poisson se débattant dans les flaques d'eau restantes. Nous n'eûmes pas de peine à nous en emparer : c'était une Carpe qui pesait un peu plus de sept kilos.

Dans ces mêmes eaux, les *Perches* sont aussi fort belles. En-dessous d'Ustaritz, un peu avant la dernière nasse ou rapide, si l'on compte en descendant, sous l'ombre de quelques arbres et sur la rive droite, le fond s'abaisse et l'eau devenue profonde donne abri à de nombreuses et fort belles Perches. Pour les prendre, il faut amorcer sa ligne avec des Goujons ou des Vérons vivants, il n'en manque pas au-dessous de la nasse.

Au même endroit, on aperçoit facilement, tant l'eau est claire et belle, d'énormes poissons blancs des espèces ordinaires, auxquels se mêlent ce que dans le pays on nomme des *Aubours* (le nom vient, paraît-il, d'*albinus*, Poisson blanc).

Voici comment nous fûmes mis au courant de cette étymologie. Parcourant le pays avec le docteur Moreau, l'ichtyologiste si distingué, l'explorant à la recherche des poissons. Nous revenions de Saint-Pée et sur le territoire d'Arcangues, nous nous étions arrêtés devant une maison s'appelant *Ablainxa*. Un Basque en sortit, sa figure fine et souriante nous interrogeait des yeux en même temps qu'il nous souhaitait le bonjour. C'était le maître du logis *Etcbeco yauna*. Sur le pas de la porte était restée une belle jeune femme tenant sur ses bras une charmante petite fille toute rose, riante et jolie, sa première née. C'était *Etcbeco Andrea*, « la dame du lieu, la maîtresse du logis, » traduction en français d'une expression qui exprime bien mieux toute l'importance, toute la valeur des fonctions de la mère de famille chez les Euskariens, peuple si religieusement attaché aux traditions de ses ancêtres. Quoique ne parlant que le basque, la jeune mère nous souhaitait cependant la bienvenue. Informé de ce que nous cherchions, Olhogaray, ainsi se nomme l'obligeant Basque, se pourvut d'un petit filet et nous conduisant au ruisseau voisin il eut bientôt mis des Aubours entre les mains du Dr Moreau qui lui demanda comment ces poissons s'appelaient en basque ? *Alburnia*, répondit-il. Évidemment ce mot venait d'*albinus*, de là, Alburnia, Aubour. Olhogaray est resté notre ami.

Après la pêche, nous nous mîmes à admirer le charmant paysage que présente le pays quand on le regarde d'Ablainxa. Au sommet d'une succession d'ondulations, on voit la curieuse église d'Arcangues qui les domine, puis, disséminées sur toutes les parties du terrain légèrement mouvementé, les jolies maisons basques avec leurs jardins et les arbres qui les ombragent, les bestiaux qui paissent sur les pentes, les cultures aux nuances variées, les sentiers qui rampent sur les terrains, les hommes aux traits accentués et les jolies Basquaises qui y circulent, les attelages de bœufs qui labourent ou qui traînent des chars, basques aussi, rapportant la moisson aux greniers. La vie en tout cet espace et la vie riante révélée par une population qui mérite qu'on la considère avec attention et distinction, car elle est vaillante et noble de caractère.

Dans les cours d'eau un peu importants, les Aubours sont si abondants qu'au moment du frai, alors qu'il viennent dans le Gave de Pau, remontant jusque-là et plus haut encore pour frayer sur les bancs de gravier où il y a très peu d'eau, on les prend à pleines corbeilles et on en charge des charettes. C'est un très maigre manger.

Dans les petits cours d'eau de la région qui avoisinent la mer et dont la course épuisée se trouve presque morte lorsqu'ils arrivent dans les terres basses, ainsi que dans les fossés de ces mêmes terrains, on prend pas mal d'*Anguilles*.

Les *Goujons* abondent dans la Nive et ses affluents, mais on ne les pêche pas.

N'oublions pas de parler des *Epinoches* ces curieux petits poissons qui, tout comme l'*Antennarius* des Sargasses, se fabriquent des nids pour pondre et élever leurs familles. Ils se prennent généralement dans les fossés.

CHAPITRE XIV

LES BATRACIENS ET LES REPTILES

Les *Grenouilles* sont relativement peu nombreuses, dans notre région, cependant il s'en trouve de plusieurs espèces.

Dans les Vosges, c'est en allumant des feux aux bords des étangs qu'on la prend la nuit venue, au brandon, ainsi que cela se dit dans ce pays.

En d'autres lieux, c'est au filet qu'on la pêche, mais la façon de s'emparer des Grenouilles qui nous semble la plus curieuse est celle usitée dans le Médoc. Là, on la chasse armé d'une très longue arbalète ; l'amateur de ce genre de gibier s'en va le long des chemins qui bordent les terrains marécageux et guette sa proie : quand il l'aperçoit il la vise en se servant de son arme, puis lance sur elle une flèche armée d'une pointe d'hameçon qui ne la cloue pas sur place, mais l'immobilise. Il n'a pas de peine à s'en emparer, lui reprend sa flèche et la plonge dans son panier. Si ce n'était le mal qui est ainsi fait à la pauvre bestiole, ce serait assez amusant à voir.

En certains pays de France, on mange la Grenouille, qui bien accommodée est vraiment assez délicate.

Les *Crapauds* sont assez communs, mais en certains endroits seulement.

Plusieurs espèces de *Salamandres* habitent surtout les fossés.

Les Reptiles sont peu communs, dans notre région. Cependant on rencontre parfois de belles *Couleuvres*. Nous en avons une, prise dans une prairie, sur les bords de la Joyeuse, qui est d'une taille peu ordinaire. Elle mesure presque 1^{m},30.

Dans le lac d'Irieu, nous en avons vu assez souvent représentées par des spécimens assez brillamment colorés, toujours allongés sur le fond, semblant guetter quelque proie.

Dans un joli ruisseau se rendant dans la Nivelle, près de la Grotte de Sarre, nous en avons également remarqué qui le descendaient en se laissant entraîner par le courant.

Enfin, nous avons pu en voir dans des haies, se chauffant au soleil ; elles étaient fort belles, montrant de très brillantes couleurs.

On dit qu'il y a des *Vipères* ; nous n'en avons jamais rencontré. Elles sont en tout cas fort rares.

Peu de *Lézards* ; on nous a assuré que dans la

montagne il s'en trouve d'énormes, nous n'en avons jamais vu que de taille ordinaire.

Il est rare de rencontrer quelques *Tortues* dans le golfe de Gascogne ou du moins près de ses côtes.

Cependant, il en existe une espèce, peut-être pourrait-on y ajouter une variété ; parfois les pêcheurs en rapportent, s'ils ont poussé un peu loin au large.

A terre, dans les terrains sablonneux et marécageux des Landes, vit une petite espèce qui devient de plus en plus rare à mesure que ces vastes plaines, incultes autrefois, sont livrées à la culture et assainies. On la trouve aussi dans la partie des Basses-Pyrénées qui avoisine la mer. Elle est dans tous les cas plus rare encore, dans cette région que dans l'autre, et ce n'est que de loin en loin qu'on en rencontre un individu.

Si quelque chercheur, se trouvant à Biarritz, voulait tenter la chance et se mettre en chasse pour découvrir une tortue, il devrait de préférence courir les dunes en se dirigeant vers Bidart et chercher plus particulièrement aux environs des ruisseaux et des endroits où s'étalent des échappées d'eau recouvrant le sol et y formant de temps en temps de petites flaques.

CHAPITRE XV

LES OISEAUX

Quelles gracieuses et élégantes petites bêtes on rencontre parmi les oiseaux, quelles parures charmantes montrent certains d'entre eux et quels chants mélodieux quelques-uns font entendre.

Le promeneur, qui, par une belle matinée de mai, s'arrêtera sous la feuillée des bois qui commencent à s'enverdir, sera charmé par les ravissantes chansons du Rossignol et de la Fauvette, par les roucoulements de la Tourterelle et les joyeux éclats de voix du Pinson. L'oreille ne sera pas seule à jouir, l'œil apercevra de temps en temps les ébats de ces jolies créatures, leurs va-et-vient pour préparer leurs nids, objet de leurs soins les plus empressés et de toute leur sollicitude. Et lorsqu'un peu plus tard il pourra surprendre une femelle sur sa couvée, combien grande sera son admiration, avec quelle satisfaction il s'en éloignera pour ne point la troubler, emportant avec lui la joie que lui aura fait éprouver ce spectacle.

I. — LES RAPACES

Cependant les oiseaux par lesquels il nous faut commencer à parler de cette classe ordinairement gracieuse et charmante, ne se présentent pas avec la physionomie attrayante des espèces dont il vient d'être question ; en revanche ils dénotent la force, et leur naturel est féroce si l'on veut, mais féroce, parce qu'il faut bien qu'ils se nourrissent. Ce sont les *Rapaces : Rapaces de jour* et *Rapaces de nuit*.

En première ligne, les *Vautours*, grands oiseaux, qu'il faut aller chercher dans la montagne. Pour les amateurs de sport qui se trouveront à Biarritz, nous allons les entretenir d'une excursion de chasse, qui ne peut manquer de les satisfaire pleinement et qui assurément leur procurera d'attrayantes émotions.

A propos des fleurs, nous avons parlé du jardin d'Enfer [1]. Engagés dans la vallée de Laxia, nous nous sommes arrêtés au sentier qui y monte. Poursuivons notre chemin le long du ruisseau, nous arriverons bientôt à la Cascade de Courousta, qui forme une arcade sous laquelle on peut s'engager sans recevoir une goutte d'eau. De cet endroit, nous nous dirigerons vers la bergerie de *Marthia*

[1] Voy. p. 53.

Borda, puis nous prendrons à gauche pour atteindre le col de *Mebatseco-Lepoa*. On pourrait également arriver à ce col, en passant par la bergerie d'*Hoyénart*. Nous le traverserons en laissant à droite le grand cône d'*Iguskaï*. Marchant alors vers le S.-E., après avoir parcouru environ 3 kilomètres, nous arriverons au bord d'un précipice assez profond, formé par une paroi de roc à pic, qui a été nommé *précipice des Vautours*, parce qu'un grand nombre de ces oiseaux y habitent et ont leurs aires dans les trous et crevasses que présente la muraille à peu près verticale. Du bord du précipice, en jettant des cailloux, bon nombre des oiseaux prendront leur vol et il sera très facile de les tirer. Ils tomberont sûrement au bas des rochers, mais il sera aisé d'aller les chercher en prenant vers le S.-O. d'abord un sentier qui conduirait trop loin du but, si on le suivait toujours, mais que l'on doit quitter en descendant la pente un peu rapide, mais praticable, qui conduit plus directement au bas du précipice. Et si l'on n'est pas trop pressé de s'emparer des Vautours tués ou blessés, on admirera les singulières découpures de l'Hartza, qui étend son profil en une série de rocs pointus bizarrement taillés, affectant des formes surprenantes, presque fantastiques.

Un ami auquel nous avions parlé des Vautours de cette région, le Baron Pawell de Rammingen, nous a fait le récit vraiment dramatique d'une excursion faite à leur intention sur la Rhune.

Partis d'Ascain pendant la nuit, l'ascension de la montagne se fit par un clair de lune qui éclairait toute la contrée environnant Saint-Jean-de-Luz, tandis que plus loin le feu du phare de Biarritz tournait pour montrer alternativement ses faces rouges et blanches. Arrivés au sommet, les chasseurs trouvèrent préparée une hutte basse dans laquelle ils devaient dissimuler leur présence. Un mouton mort fut placé non loin et bien en vue pour servir d'appât. Peu de temps après, leurs dispositions prises, les premières lueurs du jour apparurent, ils virent bientôt, à travers de petites ouvertures pratiquées pour servir de meurtrières, un corbeau qui s'abattit sur le mouton et qui, après lui avoir dévoré les yeux, s'attaqua aux pieds sur lesquels ses efforts furent vains. Il repartit, mais reparut bientôt en ramenant un aigle ; tous deux mangèrent de compagnie, en bons amis, puis le corbeau s'en fut de nouveau pour revenir avec trois vautours sur lesquels trois coups de feu furent immédiatement tirés ; un des trois oiseaux fut tué net, les deux autres, blessés, s'enfuirent, mais ne purent être retrouvés, malgré une longue recherche.

Le Baron et ses compagnons pensaient bien que la chasse était terminée pour ce jour-là et étaient sur le point de retourner coucher à Ascain, lorsqu'ils virent le corbeau revenir pour la troisième fois et presqu'aussitôt il fut suivi par une bande d'au moins vingt vautours, qui s'abattirent vers l'appât, en menant un grand vacarme, cris, coups de bec, coups et froissements d'ailes, c'était un bruit étourdissant que celui résultant de la lutte engagée entre eux par les rapaces pour se faire une place qui leur permît d'arracher quelques lambeaux de chair du mouton. Le bruit qu'ils faisaient était si fort que les excursionnistes pouvaient à peine s'entendre. Ils n'eurent qu'à tirer dans le tas pour abattre quatre nouveaux oiseaux, les autres s'enfuirent et sûrement ne devaient plus reparaître.

Il n'y avait plus cette fois qu'à redescendre à Ascain en triomphateurs. Les vautours pris mesuraient 2 mètres 80 d'envergure. On conviendra que ceci peut compter pour un exploit cynégitique peu commun.

Il y a le Vautour fauve, le Vautour moine, le Vautour Pérénoptère.

Le *Gypaète* habite les hauts sommets.

Les *Aigles* ne se rencontrent que très rarement.

Les *Buses.*

Les *Milans*. Pendant la belle saison on peut voir voler au-dessus de l'abattoir de Biarritz des Milans à queue fourchue, qui planent et s'abattent sur les débris abandonnés des animaux. La même chose se voit à Bayonne, au-dessus de l'Adour.

Les *Buzards.*

Les *Faucons* qui comprennent : l'*Epervier*, l'*Autour*, le *Faucon gerfaut*, le *Faucon pèlerin*, l'*Émerillon*, la *Crécelle* et le *Faucon à pieds rouges*.

Les *Chouettes.*

Les *petits Ducs.*

Les *Hibous.*

La ténacité des oiseaux de proie à maintenir leur butin, soit dans leur bec, soit dans leurs serres, est considérable, bien que parfois le poids en soit lourd et malgré les efforts de l'animal qu'ils ont enlevé pour le porter dans leur aire. Les exemples qui le prouvent ne sont pas rares et on peut assez fréquemment en observer qui ne laissent pas que d'étonner. En voici un dont nous avons été témoin :

Un jour à la chasse dans le Morvan avec un de nos amis, nous nous trouvions près d'un de ces étangs poissonneux, qui sont assez communs dans cette contrée. Un oiseau de proie, je ne me souviens plus qui il était comme espèce, mais il appartenait à l'une des grandes, planait avec persistance au-dessus de l'eau calme et limpide. Son regard scrutait attentivement la partie au-dessus de laquelle il se trouvait. Que voit-il donc, nous disions-nous, car nul canard, nulle sarcelle ne s'y montrait. Tout à coup il s'abat, tombant comme un plomb et presque aussitôt il se relève tenant serrée dans son bec une énorme carpe que nous reconnûmes pour telle à ses écailles dorées et brillantes. Mon ami avec la promptitude du chasseur émérite, met le rapace en joue, fait feu et du coup celui-ci retombe sur l'eau à l'endroit même où il avait fait sa capture. Ce n'était pas bien loin du bord; un des chiens fut envoyé après lui et l'amena bien vite à nos pieds. Il avait été tué net, mais n'avait pas lâché sa proie, qui, elle, se débattait encore; la carpe était magnifique et pesait plus de deux kilos. Ce fut elle qui prit place dans le carnier et nous fut servie le soir, elle était excellente, comme le sont du reste toutes celles du pays.

II. — LES GRIMPEURS ET LES MARTINS-PÊCHEURS

Vient ensuite la famille des *Grimpeurs*.

Les *Pics*.

Les *Torcols*.

Les *Coucous*.

Famille des *Martins-Pêcheurs*.

Les Martins-Pêcheurs.

Les Guépiers sont des oiseaux de passage.

III. — LES PASSEREAUX

Famille des *Passereaux*.

Groupe des Corbeaux, plusieurs espèces : Les Rolliers sont rares en France, les Geais, les Pies, les Pies-Grièches.

Groupe des Mésanges, comprenant : Les Roitelets, les Mésanges.

Groupe des Merles, comprenant : les Loriots, les Merles, les Grives, les Pétrocincles, les Etourneaux ou Sansonnets.

Groupe des Gros-Becs : Becs-Croisés, Bouvreuils, Fringilles ou Moineaux, Pinsons, Chardonnerets,

Tarins, Linottes. Les Bruants, parmi lesquels se trouve l'Ortolan.

Groupe des Becs-Fendus : Engoulevents, Hirondelles, Martinets.

Les merveilleuses aptitudes que montrent les oiseaux pour construire leurs nids, ces berceaux de la famille qui doit perpétuer l'espèce, semblent indiquer en eux des sensations intelligentes appliquées à cette fin, elles ont leurs suites dans les soins dont ils entourent leurs petits jusqu'à ce qu'ils soient en état de se suffire à eux-mêmes.

Un de nos amis, propriétaire en Médoc, nous a affirmé avoir été témoin du fait que nous allons dire et nous n'avons aucune raison de mettre en doute sa véracité.

Sa propriété, ou plutôt son château, avait sur une de ses façades, au premier étage, une sorte de véranda non fermée, dont le plafond faisait suite à la corniche sur laquelle s'appuyaient les gouttières. En dedans de celle-ci des Hirondelles avaient établi de nombreux nids et revenaient chaque année s'aimer là où elles avaient pris naissance. Un jour que la couvée était déjà éclose un violent orage éclata. La mère veillant sur ses petits les recouvrait de tout son corps, inquiète qu'elle était du danger, instinctivement pressenti, que le tonnerre leur faisait courir. Il tombe soudain, la pauvre mère est foudroyée, les jeunes hirondelles n'ont aucun mal. Le mâle, qui voltigeait autour du nid, s'aperçoit bien vite du malheur qui le frappe, il paraît éperdu, fou de douleur, pendant quelques instants, il s'agite sans conscience de ce qu'il fait. Puis, s'approchant de la pauvre morte, il la tire hors du nid et l'emporte au dehors. Nul n'a su ce qu'il en avait fait. Revenu vers les petits, il les examine, se met à les couver et quelques minutes après, il ressort et le voilà qui part à tire d'aile et disparaît bientôt.

Mon ami, dont le cabinet de travail donnait sur la véranda avait tout observé; il présuma que, voyant son malheur irréparable, et ne voulant pas être témoin du sort auquel ses petits étaient destinés, le mâle avait pris le parti de fuir bien loin, d'aller en d'autres lieux chercher à oublier ce qui venait d'arriver.

Deux ou trois heures après l'événement, sa surprise fut des plus grandes lorsqu'il vit le mâle revenir avec une autre hirondelle, il le reconnut bien, car aussitôt sous la véranda il s'approcha du nid au-dessus duquel les pauvres orphelins agitaient leur petites têtes encore nues, et un colloque s'engagea entre lui et l'oiseau qu'il avait amené, presqu'aussitôt ; celui-ci pénétra dans le nid et se mit en devoir de couver les pauvres abandonnés, qui commençaient à laisser voir que le froid les engourdissait déjà.

Il y avait donc une mère de retrouvée.

Eh bien, si l'on réfléchit à ce qui venait de se passer, on ne peut manquer de remarquer qu'en tout ceci il avait fallu, d'abord que le mâle comprît parfaitement quelle était la position, puis qu'il se rendît compte qu'en cherchant il pouvait trouver une autre femelle pour remplacer la sienne puisqu'il en fallait une pour sauver sa progéniture, que, l'ayant trouvée, il lui exposa une demande, lui fit connaître la situation, la persuada, la fit consentir, l'amena, lui présenta la famille qu'elle allait adopter, l'introduisit au nid, la consacra à ses fonctions.

Et sans doute, on ne peut regarder tout ceci comme des résultats de simples fonctions instinctives, il y a là des preuves d'intelligence.

Groupe des Gobes-Mouches : Jaseur, Gobe-Mouches.

Groupe des Becs-Fins coureurs, Alouettes : Pipis, Bergeronnettes (Hoche-Queues, Lavandières).

Groupe des Becs-Fins percheurs : Traquets, Fauvettes, Rossignols, Rouges-Gorges, Accenteurs, Pouillots, Fauvettes des roseaux, Rousseroles Cettis, Loustelles, Phragmites, Cysticoles.

Groupe des Becs sans crochets : Grimpereaux, Sitelles, Tichodromes Huppés.

IV. — LES COUREURS

Famille des *Coureurs*.

Outarde, Outarde-Canepetière, Petite Outarde. Très beaux oiseaux, recherchés comme gibier au moment du passage. On en voit beaucoup dans notre région.

V. — LES GALLINACÉS

Famille des *Gallinacés*.

Les *Pigeons*, les *Tourterelles* abondent dans notre pays. On en prend beaucoup qui sont vendus comme fin gibier.

Le *Ramier* est connu sous le nom de *Palombe*; lorsque ces oiseaux passent les Pyrénées en certains endroits bien déterminés, les gens du pays installent de grands filets et lancent du haut d'un arbre le simulacre d'un oiseau de proie; les Palombes effrayées s'abattent et c'est par centaines qu'elles sont capturées. Ces installations se nomment des *Palomières*. Il y en a près de Sarre qui sont très productives. Cette chasse mérite d'être vue et motiverait de la part des amateurs qui seraient alors à Biarritz une amusante excursion.

Les Faisans, les Cailles, les Perdrix grises et rouges, les Lagopèdes, perdrix blanches qui vivent sur les sommets neigeux, les Gelinottes, les Tétras ou Coqs de Bruyères, les Syrrhaptes.

VI. — LES ÉCHASSIERS

Famille des *Echassiers*.

Œdicnème, Huîtrier, Glaréole, Pluvier, Vanneau, Tournepierre, Rales, Poule d'eau, Foulque, Hérons, Butors, Grues, Cigognes, Spatules.

Échassiers à becs grêles.

Ibis de passage, Courlis, Barge, Bécassine, Bécasse, qui est parfois très commune dans les Basses-Pyrénées, Chevaliers, Bécasseau.

VII. — LES PALMIPÈDES

Famille des *Palmipèdes*.

Groupe des Longues Pattes : Avocette, Flamant rose, Echasse manteau noir.

Groupe des Becs-Crochus : Stercoraire, Puffin cendré, Thalassidrome.

Groupe des Totipalmes : Cormoran, Pélican, ce n'est que rarement qu'on en voit en France.

Le *Fou de Bassan* en fait partie. Nous en avons vu plusieurs individus pris à Biarritz, soit par des pêcheurs ou des chasseurs, ils étaient poussés du large à la côte par les vents de S.-O. qui soufflent souvent en tempête dans le golfe de Gascogne pendant l'hiver.

Le Pélican se chasse peu ; cependant quelques chasseurs amateurs de ce qui frise l'excentricité ou poussés par le désir de tirer des coups de fusil, et n'ayant pas d'autre gibier, se sont parfois laissés aller à prendre pour but ce pauvre oiseau, le sympathique Pélican, sympathique parce qu'il y a une rangaine qui dit qu'il se perce le flanc pour nourrir ses enfants, ceci n'est pas bien prouvé, mais la réputation de l'animal est faite sur cette donnée, et on le tient en vénération pour son dévouement familial.

Un de ces enragés tireurs, un Anglais, qui ne croyait sans doute pas à la rengaine, du reste elle est française, et qui pouvait bien l'ignorer, le commandant de la corvette anglaise *Tweed* arrivait un jour au mouillage de Sacrificios, au Mexique. C'est un îlot à trois milles environ dans le sud du Fort de Saint-Jean d'Ulloa à la Vera-Cruz, il abrite les eaux qui se trouvent dans le sud-ouest de cette forteresse et elles servent de rade aux bâtiments de guerre qui tireraient trop d'eau, pour mouiller à Vera-Cruz même. Sur la pointe nord de l'îlot, les marins français après la prise de Saint-Jean d'Ulloa établirent un cimetière pour les morts de la fièvre jaune, et pour ceux qui périrent pendant le remarquable combat qui mit le fort et la ville entre nos mains.

J'étais embarqué, ainsi que je l'ai dit, dans *Bateaux et navires,* sur la corvette de trente-deux canons, la *Sabine.* Nous devions quitter Sacrificios le lendemain pour nous rendre à Pensacola dans la Floride et nous présumions que nous y trouverions l'ordre de notre rentrée en France.

A cette époque, le télégraphe ne traversait pas encore les océans.

Or, notre médecin major savait qu'il ferait plaisir aux parents d'un officier enterré sur cette pointe de Sacrificios en leur rapportant une vue de ce champ des morts où reposait leur fils, loin de son pays, surtout loin d'eux. Il me pria de lui en faire un dessin et je m'embarquai dans le youyou avec deux hommes pour aller chercher mon point de vue.

L'îlot du côté du nord se prolonge par des chaînes de récifs qui émergent à peine, et l'un d'eux, situé dans le nord-ouest de la pointe, me parut devoir parfaitement faire mon affaire ; j'y débarquai et renvoyai mes hommes à terre. J'étais en pantalon blanc et je m'étais mis en chemise pour avoir moins chaud. Je me détachais donc parfaitement sur le fond sombre du roc élevé à peu près de 30 à 40 centimètres au-dessus de l'eau. En train de faire mon croquis, j'entends tout à coup une balle siffler à mon oreille et je la vois ricocher à peu de distance de moi, en même temps j'apercevais les hommes du youyou accourant en faisant des gestes éperdus à la rencontre de deux autres personnages qui me parurent des officiers portant des fusils. C'était en effet le commandant du *Tweed* et un de ses lieutenants qui après dîner étaient venus se promener à Sacrificios, et, comme l'îlot avait cette réputation que les pélicans y venaient en nombre pêcher sur les récifs, ils avaient l'intention de tirer à la cible sur quelques-uns. La distance, mon costume aidant et peut-être aussi l'habitude du boire après dîner, les avaient fait se méprendre, ils avaient tiré sur moi, croyant le faire sur un Pélican.

Quant à moi, je trouvais la chose d'autant moins récréative qu'en jetant les regards à mes pieds je voyais aux approches de l'espace que j'occupais, et qui n'avait guère plus de 2 mètres de superficie, d'énormes requins qui tournaient autour de moi comme s'ils attendaient qu'une nouvelle balle m'abattît et qu'il leur fût alors facile de me dévorer.

Le youyou revint me prendre et une fois rembarqué j'y terminai mon croquis.

Ainsi que l'indique son nom, Sacrificios était autrefois un lieu de sacrifices. Le commandant de la *Sabine*, M. Cosmao Dumanoir, eut l'idée d'y faire des fouilles. Elles furent des plus fructueuses, une foule d'armes et d'ustensiles en Obsidienne, des vases en terre d'une infinité de formes, beaucoup représentant des animaux, des brûle-parfums, des colliers, quelques pierres précieuses, des fragments d'or, enfin des ossements d'hommes et d'animaux furent trouvés. Une grande partie du sol de l'île était recouverte de roseaux si touffus qu'on ne pouvait pénétrer parmi eux, à l'époque où nous nous y trouvions ils étaient habités par un grand nombre de petits cochons provenant d'un couple qu'un bâtiment y avait débarqué afin qu'ils fussent hors du bord pendant un grand nettoyage du navire et qu'on n'avait jamais pu reprendre. De temps en temps, on leur faisait la chasse et on en prenait quelques-uns.

Pour revenir à nos oiseaux, nous avons à citer :

Groupe des grandes ailes : Goéland, Sternes.

Groupe des becs lamellés : Cygnes, qui ne sont

en France que passagers, Oies, Bernaches, Canards, Sarcelles, Macreuses, Harles.

Groupe des plongeurs : Grèbes, Plongeon imbrim, rare en France, Plongeon Lumne, Plongeon catmarin, Guillemot, Mergulle, Macareux, Pingouin, rare en France.

Nous avons emprunté la plupart de ces noms, afin qu'ils fussent bien à leur place, à l'excellent ouvrage de notre ami M. E. Deyrolle, directeur du *Naturaliste*.

CHAPITRE XVI

LES MAMMIFÈRES

Au premier abord, on ne voit guère qu'un petit nombre de mammifères appartenant à la faune française. Cependant leur nombre est assez grand, sans parler de ceux qui ont été amenés à la domesticité et dont quelques-uns servent à l'alimentation.

Les mammifères sont, de tous les animaux, ceux qui, par leur conformation, se rapprochent le plus de l'homme, il semble donc que ce sont eux qui doivent le plus l'intéresser; cependant il n'en est pas toujours ainsi et suivant ses goûts, ses aptitudes, ses appréciations sur les merveilles répandues dans la nature, l'homme fixe sa prédilection pour telle ou telle classe d'animaux ou de plantes.

Voici la classification des mammifères donnée en 1872 par M. A. Milne Edwards :

MAMMIFÈRES

- 1re SOUS-CLASSE : *Mammifères Hétéropodes.* . . . . 1. Bimanes.
- 2e SOUS-CLASSE : *Homopodes.*
  - Section des quadrupèdes ou tétrapodes.
    - Eugénètes ou placentaires.
      - Tomodontes ou pourvus d'incisives devant les mâchoires.
        - Onguiculés ou onyciphores.
          - 2. Simiens.
          - 3. Lémuriens.
          - 4. Chiroptères.
          - 5. Insectivores.
          - 6. Rongeurs.
          - 7. Carnivores.
          - 8. Amphibiens.
        - Ongulés . . .
          - 9. Proboscidiens.
          - 10. Hyraciens.
          - 11. Hippiens.
          - 12. Porcins.
          - 13. Caméliens.
          - 14. Traguliens.
          - 15. Pécoriens.
          - 16. Edentés.
      - Edentés, pas d'incisives. . . . . . .
        - 17. Marsupiaux.
        - 18. Monotrème.
    - Implacentaires . . . .
      - 19. Siréniens.
      - 20. Cétacés.
  - Section des Ichtyomorphes.

I. — LES CHEIROPTÈRES

C'est par l'ordre des *Cheiroptères* que nous commencerons l'énumération des diverses familles de mammifères qui peuvent se rencontrer en France; tout d'abord nous signalerons la grotte de Sarre comme l'habitat d'un grand nombre de chauves-souris de plusieurs espèces, parmi lesquelles il pourrait se faire qu'il y en eût d'inédites.

Deux sous-ordres : *Mégacheiroptères* et *Microcheiroptères*.

Trois familles : *Rhinolophidés*, *Vespertilionidés*, *Embalonaridés*.

1re famille. Rhinolophes, quatre espèces.

2e famille. Groupe des Plécotés. — Oreillard, Barbastelle.

Groupe des Vespertilionés. — Vespérien, dix espèces, Vespertilion, huit espèces.

Groupe des Minioptérés. — Minioptère.

3e famille. Molosse ou Nyctinome.

II. — LES INSECTIVORES

Dans l'ordre des *Insectivores*, il y a trois familles: *Erinacéidés*, *Soricidés*, *Talpidés*.

1re famille. Erinacéidés. — *Hérisson*, utile destructeur d'insectes, on en voit quelques-uns autour de Biarritz.

2e Famille, Soricidés.

Crocidures, deux espèces : Pachyura, Selys.

Musaraigne, trois espèces : Crossope.

3e Famille, Talpidés.

Desman, Taupe, deux espèces.

III. — LES RONGEURS

Ordre des *Rongeurs*.

Famille des *Sciuridés*.

Ecureuil, Marmotte.

Castor, devenu très rare en France, on ne le rencontre plus guère que sur les bords du Rhône.

Famille des *Myoxidés*.

Famille des *Muridés*.

Hamster, Rat, Souris, Mulot, Mycromis, Campagnol, sous-genre. Evotomys, sous-genre. Hemiotomys, Rat d'eau, Microtus.

Famille des *Léporidés*.

Le lièvre passe pour un des animaux les moins intelligents ; quelques-uns le disent même assez stupide pour se croire bien abrité lorsqu'il est parvenu à cacher sa tête. Il y a cependant des lièvres intelligents, nous allons le montrer. Lorsqu'on le chasse avec des chiens courants, il arrive souvent qu'il les met en défaut, c'est-à-dire que, par quelque ruse, il leur fait perdre sa piste, le fait est assez commun pour qu'on puisse le considérer comme résultant d'une certaine intelligence. Il est même de ces ruses qui sont restées pour ainsi dire légendaires parmi les veneurs.

En voici une dont nous avons été presque témoin :

C'était en Bourgogne, dans le Morvan, à quelque distance d'Autun. Nous y avions un oncle dont le souvenir nous est demeuré bien cher, le marquis de M..., et des cousins, tous fort amateurs de chasse. Ils chassaient chaque jour avec une vingtaine de chiens. La dernière fois que je me trouvai chez eux, mon oncle me raconta une aventure qui avait duré plus d'une année et dont le dénouement était tout récent.

Un beau jour, le lièvre chassé fait tout à coup défaut et malgré toutes sortes de peines et d'efforts les chiens ne purent être remis sur la voie, on fut obligé d'abandonner la chasse et de lancer un autre animal. Mais, chose bien bizarre, le lendemain, même mésaventure arrive et elle se répète pendant plus de trois-cent soixante-cinq jours. Tous les veneurs du pays ne purent rien y comprendre : toujours au même endroit, la même chose survenait. C'était au passage d'un chemin creux profondément encaissé et pas trop large : le lièvre le franchissait-il en le sautant? mais on eût retrouvé sa voie de l'autre côté. On chercha en vain le mot de l'énigme pendant ce long espace de temps sans le trouver, mais mon oncle ne voulut pas renoncer à le connaître, il finit par se mettre en embuscade derrière un des arbres qui bordaient le haut du talus de l'autre côté du chemin par lequel la chasse arrivait et à quelque distance en avant des chiens il vit le chassé qui, plein de confiance s'en venait vers lui, puis, qui arrivé au bord de l'obstacle fit un énorme bond et s'en fut s'enfouir dans un trou invisible qui se trouvait sur le sommet d'un vieux chêne étété et que le lièvre avait découvert. Mon oncle ne voulut pas qu'on fît du mal à cette bête qui, par l'intelligence qu'elle montrait, méritait qu'on eût égard à elle et on continua à la chasser de temps en temps, afin qu'elle eût le plaisir de jouir de sa ruse.

Une aventure d'un genre différent arriva à un autre de mes oncles qui habitait les bords du Doubs.

Un jour d'hiver que la rivière s'était épanchée sur les plaines qui bordent ses rives, il s'était embarqué dans un *Arlequin*, le bateau que nous avons décrit[1], pour aller tirer des canards sauvages dont de nombreuses bandes se montraient sur l'eau. Se dissimulant derrière un buisson factice qui recouvrait son étroit bateau, et derrière lequel il manœuvrait les avirons, il avait réussi à s'emparer de pas mal d'oiseaux quand il aperçut sur la tête d'un saule ébranché, d'un vieux têtard, un lièvre qui pour se préserver de l'inondation s'y était réfugié. L'idée lui vint de le prendre vivant, et il se mit en devoir de sauter lui aussi sur la tête du saule. Mais ce à quoi il ne s'attendait guère, c'est qu'au même

[1] Folin, *Bateaux et Navires*, Paris, 1892.

instant le lièvre qui le voyait venir, s'élança dans l'*Arlequin* et la secousse qu'il imprima au bateau fut suffisante pour le faire déborder de l'arbre, et le courant aidant, il fut loin avant que mon oncle en se retournant se fût aperçu du tour que le lièvre venait de lui jouer. L'*Arlequin* s'éloignait toujours, la nuit venait, nul secours en vue, bien au loin les maisons les plus proches hors de la voix, pas même la ressource des coups de fusil, l'arme était restée avec la bête ; un vrai naufrage! La situation n'était pas riante, il fallut pourtant l'accepter telle, n'ayant aucun moyen de la changer et attendre jusqu'au lendemain matin que l'on vînt à la recherche de ce singulier naufragé. L'*Arlequin* fut retrouvé échoué sur un des rivages du Doubs, mais le lièvre n'y était plus.

IV. — LES CARNIVORES

Ordre des *Carnivores*.

Famille des *Ursidés*.

On trouve des *Ours* dans les Alpes et les Pyrénées, pendant l'hiver, on en voit quelques-uns qui descendent jusqu'au bas des montagnes.

Une façon de chasser l'Ours pour s'emparer de sa fourrure qui est peu connue est celle que le gouvernement russe faisait exécuter en Sibérie par les prisonniers faits sur les armées françaises du premier empire.

Ils étaient enfermés dans de petites cahutes roulantes parfaitement blindées et percées de meurtrières. On y mettait avec eux deux ou trois fusils, des munitions et des provisions pour plusieurs jours. Ces espèces de caisses étaient menées dans les forêts aux lieux les plus favorables, c'est-à-dire ceux où on supposait que les ours passaient de préférence, puis elles étaient abandonnées à quelque distance les unes des autres, renfermant chacune un prisonnier qui n'en pouvait sortir. Attirés près de ces objets inconnus par la curiosité, les Loups et les Ours s'en approchaient, et facilement abbatus, leurs cadavres s'amoncelaient autour de cette sorte de forteresse. Ils n'y demeuraient pas longtemps, on se gardait bien de laisser endommager leurs peaux par les loups. Parfois, des bandes de ces derniers se ruaient sur ces cahutes et les bousculant, les entraînaient assez loin du point où elles stationnaient. Que l'on juge quelle était dans ce cas la situation du malheureux prisonnier.

Dans notre enfance, nous avons connu un vieux hussard, qui n'était revenu de Sibérie qu'en 1827, il était excellent tireur et on l'avait gardé pour ce motif, pour chasser l'Ours ainsi que nous venons de le dire. Ne sachant ni lire ni écrire, n'ayant rien su des événements accomplis depuis sa capture, il n'avait pu réclamer sa liberté.

Famille des *Mustélidés*.

Blaireau, Marte, deux espèces : la Marte fouine et la Marte des pins, Putois commun, Furet, Putois vison, Loutre.

Famille des *Vivéridés*.

Genette.

Famille des *Félidés*.

Chat, Chat sauvage, Chat Lynx.

Famille des Canidés.

Loup, Renard, Chien.

V. — LES AMPHIBIES

Ordre des *Amphibies*.

Phoque, Veau marin, Erignathe, Pelage, Stemmatope.

VI. — LES ONGULÉS

Ordre des *Ongulés*.

S.-O. des *Porcins*, genre *Sanglier*. Il en vient parfois dans les bois avoisinant Biarritz.

S.-O. des Pécoriens ou Ruminants.

Famille des *Cervidés*.

Cerf, Daim, Chevreuil.

Famille des *Bovidés*.

G. *Chamois*, *Bouquetin* (des Pyrénées, Sard).

Moufflon, se trouve en Corse.

VII. — LES CÉTACÉS

Ordre des *Cétacés*.

Famille des *Delphinidés*,

G. Marsouin, Orque, Globicéphale, Grampus,

Fig. 105. — *Balæna biscayensis*, dessinée d'après nature, l'animal allongé sur la plage, le 29 juillet 1874.

Dauphin, neuf espèces, S.-G. Souffleur. S.-G. Clyménie, Delphinorinque.

Famille des *Ziphidés*.

G. Ziphioïde, Hyperoodon, Dioplodon, Mésoplodon.

Famille des *Physétéridés*.

G. *Cachalot*, en 1876, un de ces animaux fut amené à la côte dans le nord du Cap Saint-Martin, près de la Chambre d'Amour (Biarritz).

Famille des *Baleinidés*.

G. *Rorqual* ou *Baleinoptère*, S.-G. *Mégaptère*, *Baleine*.

Dans nos parages, la *Baleine des Basques (Balæna biscayensis)* (fig. 102) était autrefois fort abondante et les marins de ce pays lui faisaient, depuis les temps les plus reculés, une chasse assidue. Il est à croire que ce sont eux qui, les premiers, ont armé de fortes embarcations, puis des navires, pour aller chercher au loin ces cétacés, alors qu'ils abandonnèrent le golfe de Gascogne. Ils avaient déjà adopté le harpon pour s'assurer de l'animal et de la lance pour l'achever. Lorsqu'il était mort, les marins le remorquaient sur la côte en un lieu choisi et bien propice ; là il était dépecé, et une partie de sa chair était mangée, la langue était surtout fort apprécié. Les vertèbres servaient de sièges et les côtes étaient employées dans les toitures des maisons. Un grande partie des clôtures de jardins ou de champs, près des villages, étaient composées avec des os des Baleines dépecées.

Il n'y a pas plus de vingt ans, alors que Biarritz n'était pas encore la cité aux somptueuses villas, alors que les maisons basques si originales n'avaient pas fait place aux élégants chalets que l'on y voit aujourd'hui, on pouvait encore remarquer ces étranges murailles d'os de Baleine, qu'il serait impossible de retrouver, au jour où nous sommes.

En 1874, un individu de cette espèce vint s'échouer sur la plage au-dessous de l'abattoir de Biarritz, un garçon boucher descendit la falaise emportant une corde qu'il parvint à fixer sur la queue de la Baleine et put ainsi en assurer le maintien sur le lieu d'échouage. Son squelette avait été conservé et la première côte portait bien le caractère qui est un des plus distinctifs de l'espèce, il a été perdu dans l'incendie de l'hôtel de ville de Bayonne.

Enfin, relatons un fait curieux, que les annales de pêche de l'Adour doivent considérer avec honneur, bien qu'il soit tout à fait irrégulier, c'est la capture d'une Baleine qui était remontée bien au-dessus de Mousseroles où elle fut prise. Nous avions eu la chance de trouver un dessin du temps, représentant l'animal, il accompagnait une chanson ou complainte sur le sujet, et nous l'avions donné à la bibliothèque de Bayonne. Malheureusement il fut détruit dans le même incendie.

CHAPITRE XVII

LES PLAGES, DE LA BARRE DE L'ADOUR A HENDAYE

Nous avons considéré, non sans raison, la région de l'extrême sud-ouest de la France comme devant être choisie pour champ d'exploration, parce qu'elle peut servir d'exemple pour tous les pays quels qu'ils soient, à moins que de graves anomalies n'entachent en eux les règles ordinaires de la zoologie.

Les raisons que nous avions pour faire ce choix étaient de plusieurs ordres.

D'abord nous habitions le pays depuis longtemps et nous avions une connaissance assez nette de sa faune, moins de sa flore, mais suffisante cependant, d'une partie quelque peu étendue de son territoire et nous supposions qu'ainsi armés nous étions en état de pouvoir, en utilisant ces diverses notions, rendre service aux nombreux étrangers qui visitent cette partie de la France. Nous étions à peu près fixé sur la manière dont ils employaient leur temps, aussi bien que persuadé que nous leur rendrions un grand service en leur donnant un moyen de mieux s'occuper. Il suffirait pour cela de leur indiquer une foule de chasses auxquelles ils ne pensaient pas, de pêches qu'ils ne soupçonnaient pas; de les initier surtout aux charmes que le naturaliste trouve à étudier les plantes et les animaux, aux jouissances que procurent des collections poursuivies avec ardeur et qui, augmentant d'importance de jour en jour excitent l'ardeur, causent des joies si vives alors qu'on acquiert un sujet nouveau, surtout s'il a été capturé par soi-même. Et ces états de l'esprit, répétons-le, poussent à des études, qui causent des distractions si profondes et si vraiment senties, qu'elles chassent les troubles, les ennuis, qu'elles illuminent l'intelligence, la font parfois briller de l'éclat qu'il faut pour arriver jusqu'aux découvertes, pour percer des voiles jusqu'alors ternes, pour éclairer des horizons demeurés sombres.

Eh bien ! nous allons montrer que cette belle région de l'extrême sud-ouest est apte à produire ces effets, peut-être plus apte que toute autre, parce qu'elle est en partie habitée par une population cosmopolite dont les goûts sont multiples, que la facilité avec laquelle ils sont acceptés les rend bien vite familiers, que par là l'habitude de l'assimilation se généralise et que l'exemple de celui qui est venu à la première heure est suivi par celui qui n'arrive qu'à la seconde.

Pêchez donc des coraux, des mollusques ou des crustacés, pour en faire des collections, bientôt vous aurez séduit un curieux qui voudra faire comme vous. C'est ainsi que peu à peu vous verrez se dévoiler de nombreux adeptes en zoologie.

Seulement cela ne durera peut-être pas. Loin du rivage, n'ayant plus le moyen de pêcher, beaucoup ne penseront plus à ce qui se passait à Biarritz et dans ses environs. En tout cas, pourvu que l'on s'amuse durant le séjour en villégiature, cela serait déjà suffisant, cependant on pourra obtenir mieux. Nous nous fions pour cela au pays, nous sommes sûr que par ses charmes de toutes sortes, il séduira les esprits.

Prenons-le en détail et on va bien voir.

Commençons par Biarritz même et, suivant les heures de marée, descendons sur une de ses plages et nous y verrons nos pêcheurs arpentant le sable un crochet ou un avaneau à la main, pataugeant dans les flaques d'eau à travers les goëmons et les varechs, éclaboussant un voisin qui ne s'en irrite pas; puis, un pied pris dans une longue algue, en voici un qui s'étale dans un creux de roches, où il se trouve immergé en 30 centimètres d'eau, perdant en même temps toutes les crevettes pêchées et qu'il avait renfermées dans un panier non couvert. Le pire de tout, c'est qu'ayant voulu faire le fort et le déluré, il avait offert la main à une jeune fille pour l'aider à franchir l'eau qu'elle voulait absolument croire trop profonde pour elle, et l'avait entraînée avec lui. Elle était tombée en grand dans cette eau qu'elle redoutait tant. Nul besoin de dire quels étaient son ahurissement, sa confusion, son dépit, dans le désarroi de sa toilette tout à fait ruisselante, lorsqu'elle se retrouva debout. Ils ne sont pas rares les incidents analogues, et ceux d'où résultent des ébats de toutes sortes, mêlés de rires et de cris joyeux, retentissant jusqu'au moment où se pousse celui qui annonce que la mer va monter, que le flot commence à se faire sentir, que le flux s'avance du large pour envahir cet espace sur lequel se jouaient un instant auparavant les gens les plus gais du monde.

Si l'état de la mer ne permet pas ce vagabondage dans le clapotis, il se trouve d'enragés pêcheurs à la ligne, qui, armés longuement, se portent soit sur les rochers du phare, soit sur ceux de la Vierge, et qui tentent avec persévérance d'accrocher une malheureuse pigache, une verrue, et, si le Patron des pêcheurs leur vient en aide, de longtemps en longtemps ils prennent une loubine. Ils patientent bien, c'est justice à leur rendre, mais que cette patience est bien récompensée par les jouissances qu'ils éprouvent. Saint Pierre, soyez-leur propice, nous leur souhaitons bonne chance, mais nous ne les imiterons pas.

C'est tout autre chose que ce qui se passe dans un canot, avec lequel on va sur les fonds de roche pêcher à la ligne ce que l'on appelle ici les *pescottes* (petits poissons), on en prend suffisamment pour satisfaire la passion de ce sport et aussi pour qu'on sache quel goût ils ont, ces poissons brillamment colorés.

Tout autre chose est la pêche du Maquereau et celle du Thon, dont nous avons donné des descriptions[1] celles de la Sardine et de l'Anchois; cela suffit une fois pour s'en rendre compte, à moins qu'on ne soit enragé de pêche.

Une distraction encore, si on ne la considère pas comme par trop facile et quelque peu monotone, consistera à s'en aller flâner sur les roches, un couteau à la main, et certains amateurs se muniront en même temps d'une tartine de beurre comme cela se fait en Bretagne, et se régaleront sans frais de Patelles qu'ils ingurgiteront une à une, en errant comme des péripatéticiens.

Quelques-uns pourront aussi fouiller les sables et les vases pour en retirer des Annélides, qui sont un excellent appât pour certaines pêches.

Errer sur les plages peut également présenter un passe-temps en scrutant les laisses de haute mer, surtout après les grandes marées. Ces abandons du flot consistent en un singulier mélange d'une infinité de choses de bien des sortes : algues,

[1] Voy. plus haut p. 232.

éponges, bryozoaires, os de Sèches, œufs de Raies, et de Squales d'une forme très bizarre, mollusques, crustacés, poissons échoués, insectes, lièges de filets, débris d'embarcations, et tant d'autres objets dont l'énumération serait, ma foi ! par trop longue.

Si l'on a suivi le côté du Nord, on arrivera ainsi à la barre de l'Adour, et, si la mer est grosse, ce sera vraiment un curieux spectacle que celui que présentent les vagues énormes qui, en se ruant sur le bourrelet de sable amoncelé devant la bouche du fleuve, le labourent si furieusement, qu'elles deviennent jaunes en se mélangeant avec le fond ; puis s'abattant en volutes fracassantes au delà de cette barre, elles se répandent toutes écumeuses et frémissantes en de terribles poussées fort avant entre les jetées contre lesquelles elles font également rage. Dans ces cas, le pilote-major, du haut de sa tour, observe attentivement le large et, si quelque navire se présentait, il lui refuserait impitoyablement l'entrée en lui faisant savoir par un signal que l'entrée est impossible, la barre impraticable.

Si, au contraire, la mer était belle et que la barre soit praticable, il l'indiquerait aux survenants par un autre signal et le curieux assisterait à leur introduction en rivière.

Au lieu de descendre des falaises du phare, pour gagner la plage de la Chambre d'Amour et se diriger vers la barre, après être monté au haut du phare afin d'avoir une vue plus étendue de la mer et des côtes d'Espagne, on peut prendre du côté opposé. Il faudra descendre par les rampes de la falaise de la côte des Basques ou par l'escarpement de Beaurivage; la direction à suivre se trouvera celle du sud.

C'est la villa Marbella qui arrêtera d'abord, puis il faudra franchir le ruisseau de Chàbiague, au delà duquel se trouve la forêt enfouie que nous avons signalée. A mer basse, le pointement d'Ophite se reconnaîtra à sa couleur noire, puis on atteindra peu après Mouligna, adossé aux raides pentes de Handia, au delà desquelles on trouve la faille de Cazeville, où se dresse Castel-Biarritz, presque adossé à la Madeleine. Tout en cheminant, il faudra songer qu'à haute mer, quelques points au pied des falaises peuvent être alors infranchissables à pied sec. Mais l'obstacle peut être tourné en grimpant sur la falaise aussitôt qu'un endroit propice se présente. S'il était trop éloigné ou d'ascension trop difficile, il ne resterait qu'à reprendre le chemin par où l'on était venu.

Cependant, supposons que tous les passages ont été franchis, on arrive à la pointe Sainte-Barbe, qui ferme au nord la baie de Saint-Jean-de-Luz, tandis qu'au sud, elle l'est par la pointe du Soccoa. Des ouvrages militaires avaient été établis sur ces deux pointes, ils ne seront plus guère utiles actuellement. Cependant ceux de Socoa servent encore pour des exercices de tir sur des buts placés à la mer.

Entrons dans Saint-Jean-de-Luz, remarquons

d'abord que sa plage est aujourd'hui bien aménagée pour les bains de mer ; comme complément, si l'on veut, qu'il y a un casino, des hôtels de bonne apparence, où l'on est fort bien. Notre bon ami, le colonel de Serpa-Pinto, l'explorateur en Afrique, où il a si fort lutté avec les Anglais, a fait à Saint-Jean-de-Luz de longs séjours, et s'est trouvé fort bien à l'hôtel où il avait pris gîte. Et s'il a dit *bien*, il fallait que *bien* cela fût.

L'église est à voir : église basque, naïvement coquette de ses parures simplement villageoises, un peu trop vives de ton, mais cela tient du caractère.

Sur la place, on a à considérer en passant les deux principales maisons, n'ayant rien autre à revendiquer que l'honneur d'avoir logé, lors de leur séjour en la ville, Louis XIV et l'Infante.

En traversant la Nivelle, on devra remarquer qu'elle forme en cet endroit le port de Saint-Jean-de-Luz, peu important, car il ne sert qu'aux bateaux de pêche de la localité. Son accès n'est pas toujours commode en jusant, le courant qui passe entre les musoirs des jetées est extrêmement fort, et l'entrée est impossible pendant un certain temps.

Un soir, l'impératrice Eugénie, qui avait été faire une promenade à la mer sur le bateau à vapeur le *Chamois*, voulut rentrer avec son canot, une excellente embarcation bien et vigoureusement nagée ; cependant, le canot fut repoussé comme si de sa part aucun effort n'avait été fait, et lancé sur le gravier en dehors de la jetée. Afin de l'empêcher de venir en travers en plein, le pilote, marin du pays, connaissant bien ce qu'il fallait faire, se jeta à l'eau et voulut saisir l'étrave de l'embarcation : il en reçut un coup si violent, qu'elle lui écrasa la poitrine. Le pilote avait été tué sur le coup. Ce ne fut qu'avec les plus grandes peines que l'on parvint à débarquer l'impératrice et son fils.

On a voulu, en créant une jetée appuyée sur une roche qui se trouvait à l'ouvert de la baie et qu'on nommait l'Arta, créer une rade de refuge à Saint-Jean-de-Luz. Le succès n'est pas bien complet, malgré l'abri que doit présenter cet ouvrage, et les corps morts sur lesquels les navires peuvent s'amarrer, il arrive souvent encore qu'ils chassent, et quelques-uns même sont jetés à la côte. La position est si bien reconnue comme dangereuse, que, lorsque le temps devient mauvais, le canot de sauvetage va chercher les équipages pour les amener à terre.

Après avoir passé la Nivelle, pour continuer l'excursion ainsi qu'elle a été commencée, il faudra traverser Cibourre, autrefois en partie habité par des Gitanos, Bohémiens, Zingaris, que dans le pays on nommait *Cascarots* et auxquels on prêtait d'assez étranges coutumes. Avant le chemin de fer, les Cascarottes portaient vendre les sardines à Bayonne. Au moment de l'arrivée des bateaux de pêche, elles chargeaint un panier de poisson sur leur tête et, toujours en courant, le rendaient à destination.

Nous engageons l'excursionniste à entrer à l'église, il y verra une Vierge, que les Récollets de Saint-Jean-de-Luz firent faire, en actions de grâces de ce que la paix entre deux cantons du pays qui guerroyaient l'un contre l'autre avait été conclue par suite de leurs efforts. Elle est en effet intitulée Notre-Dame de la Paix, en basque : *Bakesko ama Virgina.*

De Cibourre, on gagne le Socoa, et, au delà de la pointe, on se retrouve sur la plage, que l'on peut suivre jusqu'à ce que l'on atteigne l'embouchure de la Bidassoa.

Il est temps de se reposer. Arrêtons-nous donc à Hendaye, on y trouve de bons hôtels. Si l'on veut encore poursuivre la course sur la plage au delà de la frontière, rien ne s'y opposera. Vous la franchirez à Fontarabie et vous irez de cette ville jusqu'au Passages, jusqu'à Saint-Sébastien, jusqu'au cap Finistère, si cela vous tente.

Bornons-nous aujourd'hui à visiter Fontarabie, qui fut autrefois une ville riche et luxueuse, mais qui depuis longtemps est complètement ruinée et presque morte, ne montre plus que de beaux restes et par cette raison est fort curieuse à visiter.

La porte de la ville, les demeures aristocratiques des anciens jours, l'église de la sacristie de laquelle on jouit d'une vue magnifique, le château qui fut habité par Jeanne la Folle, mère de Charles-Quint, sont autant de détails qui présentent de l'intérêt.

Le caractère que présente actuellement Fontarabie est très original, et peu d'accord avec ce que l'on voit dans nos villes modernes ; on dirait que les murs sont demeurés imprégnés d'une couleur de mœurs perdues, de coutumes, d'usages oubliés, qu'ils reflètent encore les sentiments de leur temps, qu'ils révèlent à l'esprit ce qu'ils étaient aux siècles passés, alors que ces rues, resplendissantes de richesses de toutes sortes, vivaient animées d'un mouvement turbulent, et d'une agitation produite par un fringant public de grandes dames, de puissants seigneurs, d'élégants cavaliers, de luxueuses chevauchées, de foules en liesse ; cependant, on n'y voit aujourd'hui que misère et haillons.

Sur la plage de Fontarabie, vous trouverez des spécimens de *Bulimus acutus*, beaucoup plus grands que partout ailleurs.

Pour revenir à Hendaye, nous irons passer sur le pont de Béhobie et nous verrons en passant la fameuse *île des Faisans*.

CHAPITRE XVIII

DE BIARRITZ A SARRE

Supposons qu'au lieu de choisir la plage pour champ de recherches ou seulement pour y exécuter une promenade, vous preniez la route de la Négresse ; traversez la voie et montez en choisissant la route de gauche.

Celle de droite vous conduirait à Saint-Jean-de-Luz et vous referiez à peu près la même course qu'au bord de la mer.

Le chemin que je vous indique est pour commencer un peu sauvage, mais il vous conduit sur des plateaux d'où la vue est splendide ; la reine d'Angleterre les affectionnait beaucoup et y venait souvent pendant le séjour qu'elle fit à Biarritz.

Vous arrivez à Arbonne et de belles cultures déploient sous vos yeux leurs riches récoltes, puis

FIG. 106. — Arcangues (la place). Vue prise d'Ablainxa.

Fig. 107. — Église d'Arcangues.

de là vous apercevez déjà l'église d'Arcangues et son avant-garde de quelques peupliers (fig. 106) dont les formes élancées tranchent sur le ciel et, dominent le paysage, signalant une position importante. C'est en effet un point culminant qui s'aperçoit de tous côtés, aussi est-ce autour de l'église que se groupent la mairie, les écoles et quelques maisons.

L'église doit être vue, elle est du type basque et originale (fig. 107). C'est surtout son clocher qui la caractérise, un pignon un peu épais sur lequel s'applique en saillie la cage des cloches, rien de plus simple, mais en même temps de plus juste comme symbole de la primitive conception que le Basque eut du christianisme. Rien n'est plus en harmonie avec ses sentiments religieux. Croyant sans l'exaltation due aux légendes, il s'en tient au peu qu'il sait en histoire et en doctrine, et cela lui suffit pour vénérer avec ferveur, son âme n'entrevoyant pas bien le sublime. Sa foi affermie tient de son caractère rigide autant que le sont les lignes de son clocher, qui en font bien aussi l'expression symbolique représentant cette race si peu malléable qu'on ressent encore en elle sa provenance atlante. Et cette provenance, qui la timbre pour ainsi dire du sceau d'une antiquité qui n'a pas son égale, lui imprime en même temps un caractère d'une grande noblesse. Les peuples sont en effet demeurés d'autant meilleurs qu'ils ont conservé leurs mœurs et leurs usages sans altérations depuis plus longtemps. Les Basques sont fiers et hardis, fermes et décidés, généralement bons et généreux. Malheureusement les étrangers ne sont guère à même de les juger, les relations étant à peine possibles, en raison de leur langue qui ne les permet guère.

Les maisons qui composent le village d'Arcangues sont disséminées sur les pentes ondulées qui s'abaissent en s'épanchant tout autour de l'église.

L'ensemble de ces coteaux, sur lesquels serpentent des sentiers et des chemins, présente un gracieux aspect dû à la variété des tons que revêtent les choses diverses qu'on y aperçoit, l'activité que l'on y déploie. Bêtes et gens, bergers et troupeaux, bouviers et attelages, laboureurs conduisant la charrue, bûcherons faisant des fagots, femmes travaillant aux maïs, aux jardins, lessivant dans les clairs ruisseaux, mettant le linge au sec sur les haies, cueillant des fruits, faisant rentrer les vaches à l'étable, les volailles au poulailler. Puis de temps en temps, si vous traversez cette succession de coteaux qui se nomme Arcangues, vous vous arrêterez pour écouter quelque chant basque qui se fait entendre au loin : c'est quelque jeune fille qui, sans doute, répond à un jeune garçon dont la voix part de plus loin encore, cela n'a rien de surprenant, c'est ce qui se passe partout, aussi bien en pays basque qu'en tout autre, et puisque ceci nous en donne l'occasion, ne manquons pas de dire qu'il y a de bien jolies filles parmi les Basquaises.

Nous poursuivons notre excursion au delà des coteaux d'Arcangues et nous entrons dans une partie du pays un peu plus boisée et où les maisons se montreront plus rares jusqu'à ce que nous atteignions celles qui indiquent l'approche de Saint-Pée sur Nivelle. Elles sont bientôt agglomérées et c'est

Fig. 108. — Château de Saint-Pée.

ce qui fait que leur ensemble n'est plus appelé un village, mais un bourg; celui-ci est même assez important et assez gracieux. A l'une de ses extrémités, celle opposée à notre point d'arrivée, on voit les restes de l'ancien château (fig. 108), qui fut autrefois la résidence des barons d'Amou, seigneurs de Saint-Pée. Ils eurent à soutenir une lutte acharnée pendant plusieurs années contre les barons d'Urtubie, lutte soutenue par le premier pour maintenir son droit à la charge de bailli du Laboure, que sa famille occupait depuis de longues années et que son antagoniste s'était fait donner. Les tenanciers de l'un et l'autre seigneurs prirent parti pour eux et combattirent les uns contre les autres avec ardeur : ceux du baron d'Amou sous la dénomination de *Chabelgorrys* (ventres rouges), les autres pour le baron d'Urtubie sous celui de *Chabelchourris* (ventres blancs). Nous avons dit dans un opuscule, *Souvenirs d'enfance d'une Basquaise racontés par Nechkatcha*, comment la paix fut conclue.

La Nivelle coule à peu de distance du vieux château assez paisible depuis son embouchure jusque-là, elle deviendra bientôt plus bruyante et sur certains points torrentueuse, ses eaux sont fort limpides, les truites y sont assez communes. La route parcourt sans trop d'ondulations le mouvement de descente des montagnes vers l'Océan, elle se relève peu à peu à mesure qu'elle se rapproche des croupes élevées. Sur les coteaux des nappes roses et vertes s'alternant les rendent charmants. Les senteurs des bruyères et des thyms embaument l'air et c'est à demi enivré par ces parfums et par les charmes que présente l'aspect des paysages se renouvelant fréquemment, que les premières maisons de Sarre apparaissent.

Il faut prendre un guide pour ne point s'égarer en se rendant à la grotte. On aperçoit la montagne, Peña de Plata, sur un des flancs de laquelle elle s'ouvre, mais les mouvements des terrains sont devenus un peu plus accentués, les vallons au fond desquels les ruisseaux descendent vers la Nivelle, sans trop de fracas, sont un peu plus sinueux; il faut savoir dans quel sens on doit les traverser. Ce n'est, en effet, que lorsqu'on a atteint le sommet presqu'au bas d'un dernier pli de terrain, qu'on aperçoit, à quelques mètres au dessous du versant qui lui fait face, l'immense arcade découpée dans la roche et qui ouvre l'accès à l'intérieur de la grotte. Cette large ouverture est dominée par un contrefort de la montagne qui vient la recouvrir ainsi qu'un dôme, ce qui complète pour la façade une ornementation agrémentée d'arbres, d'arbustes, de plantes, de mousses, de lichens, du sein desquels s'échappent de belles fleurs, surtout celles des digitales aux vives et brillantes couleurs. C'est particulièrement au pied du roc que la végétation apparaît d'une vigueur intense, avivée qu'elle est par un petit ruisseau cherchant à faire un peu de bruit autour de lui comme pour se signaler, au-devant des pas du curieux qui doit le traverser pour s'introduire dans la grotte.

Une vaste salle, éclairée par la large baie que forme l'incorrect arceau de l'ouverture, montre tout d'abord des parois mouvementées par des bosselures de roches, sans aucune apparence d'avoir été formées par le feu, mais dénotant tout au contraire le travail des eaux. Ce sont assurément les actions successives de toutes les eaux qui ont passé par là qui ont ciselé ces croupes, ces arêtes, ces sillons, ces nervures, qui ont creusé ces retraits, aplani ces plateformes, ramassé ces galets qui recouvrent le sol et au travers desquels filtre plutôt qu'elle ne coule l'eau d'un ruisseau cherchant sa voie en se divisant en un réseau de petites rigoles s'échappant des entrailles de la montagne, rigoles qui en sortent très discrètement, toutes modestes, mais qui avant de paraître au soleil tiennent à se rejoindre pour se réunir plus fièrement à celui qui court devant la grotte; elles deviennent donc plus hardies et s'élargissant, s'épanchent en nappes dont le murmure est assez distinct et le devient bien plus au moment où la jonction des deux cours d'eau a lieu.

Au fond de cette salle, des couloirs s'enfoncent, obscurs sans être tortueux; ils présentent quelques courbures qui empêchent la lumière de pénétrer bien loin. On peut les suivre sans difficulté, tant qu'ils sont assez élevés, mais ils finissent par s'abaisser et alors ce ne serait qu'en rempant qu'on les suivrait plus loin, jusqu'à l'autre côté de la montagne, dit-on... Ce qu'il y a de singulier, c'est que rien n'indique qu'il ait eu dans ce magnifique abri quelque station préhistorique. On n'y a trouvé nulle trace de pierres taillées; cependant nous avons constaté, dans un des couloirs, qu'il s'y trouvait des brèches renfermant des ossements de plusieurs animaux. Les chauves-souris pullulent accrochées sur les plafonds des voûtes, dans les couloirs surtout.

Au sortir de la grotte, en remontant vers l'est,

sur la gauche de son entrée, et en contournant une sinuosité de la montagne, on arrive à ce que l'on est convenu d'appeler des grottes aussi, mais qui ne sont que des abris sous roches qui ont tout l'air de n'avoir jamais servi.

Cent pas encore en contournant toujours la montagne et on atteint un *cayolar*, qui, lui, est bien un abri pour bergers et troupeaux en cas de mauvais temps. Il est situé dans un délicieux recoin au milieu de roches aux parois verticales sur lesquelles vivent des Pupas d'une espèce qui nous a semblé inédite.

En cet endroit le sentier se bifurque, une partie continue à monter, l'autre redescend au contraire, se dirigeant vers la pittoresque bourgade de Zugaramundi, qui par je ne sais quel caprice des diplomates délimitateurs se trouve presque enclavée dans le territoire français. Oh! quel délicieux ruisseau le limite en cet endroit et comme c'est avec gaîté qu'on se met à son unisson pour suivre le chemin qui tout du long de lui vous ramène à Sarre, si vous ne voulez aller chercher une désillusion en visitant le village espagnol, que vous trouveriez bien différent d'aspect au dedans de ce qu'il vous paraissait quand vous l'aperceviez du dehors, vu surtout d'un peu loin. C'est toujours du reste la même illusion d'optique au point de vue pittoresque, le paysage est toujours moins beau de près que de loin.

Rentré à Sarre, au lieu de reprendre le chemin,

par lequel on est venu de Saint-Pée, pour regagner ce bourg, on pourra suivre le cours de la Nivelle, passer par Ascain, pittoresquement étalé sur un flanc de la Rhune, se diriger de là vers Ahezte visiter son église assez originale, passer par Arbonne et se retrouver à Arcangues, pour être bientôt de retour à Biarritz après avoir accompli une excursion dont on conservera le meilleur souvenir. Tous ces villages, en effet, produiront des impressions qui ne s'effaceront pas facilement, on y saisira quelques traits de la vie basque, quelques-uns des caractères typiques de la race qui les habite et on sera frappé de la beauté de beaucoup des jeunes filles qu'on y rencontrera.

CHAPITRE XIX

DE SAINT-JEAN-DE-LUZ A VERA

Partant de Saint-Jean-de-Luz, en suivant la route qui autrefois conduisait de Paris à Madrid, on arrivera bientôt à Urugne, où peut se voir encore le château des barons d'Urtubie[1].

Le clocher de l'église d'Urugne porte sur son cadran cette inscription d'une philosophie si naïvement cruelle qu'elle ne peut manquer de faire réfléchir même le plus indifférent : *Vulnerant omnes, ultima necat.* Mais nous ne passerons pas par le bourg, nous nous contenterons de savoir que la pensée s'y trouve inscrite sur le cadran de l'horloge, qui sonne les heures s'en allant vers l'éternité.

A la hauteur du château, nous tournerons à

[1] Voy. p. 298.

gauche et nous suivrons le chemin qui mène à Olhete, il ne présente rien de bien remarquable, à part quelques petits coins qui font opposition à la monotonie du caractère général qu'une grande abondance de fougères imprime au paysage. Les maisons d'Olhete sont jetées çà et là sur un fond de gazon alternant avec les jardins, de beaux arbres les ombragent, le petit torrent qui porte le même nom que le village roule ses eaux fraîches et limpides en contournant les pentes basses de la Rhune, pour aller rejoindre la Nivelle au bas d'Ascain.

Si on le remonte, on se trouvera bientôt sur ce qu'on nomme le chemin de l'Artillerie ; il a été en effet établi pour faire rentrer d'Espagne les canons de l'armée française, qui, en 1814, abandonnait ce pays. Ce chemin est percé à travers un fourré, dans lequel des chênes magnifiques se font remarquer. De temps en temps, des sites fort gracieux peuvent fournir de charmants sujets d'études de paysage ; il côtoie par moments avec assez d'imprévu le ruisseau, dont les eaux vives, claires et bruissantes, entretiennent sur ses bords une végétation vigoureuse, des plantes communes assurément, mais dont les fleurs embellissent ses rives et parfument l'air d'une senteur pénétrante qu'il fait bon respirer.

C'est ainsi qu'on parvient à Véra, bourg espagnol qui a eu de l'importance pendant la guerre carliste. On y avait établi une fonderie de canons et de projectiles et des ateliers complétant le nécessaire pour l'armement de cette artillerie. Aujourd'hui Véra a repris son calme d'autrefois et de tout cela il ne reste plus que le souvenir. Mais sa position au bord de la Bidassoa, dans une vallée encaissée entre les montagnes raides et rudement découpées, mérite qu'on pousse l'excursion jusque-là.

CHAPITRE XX

DE BIARRITZ A CAMBO

Aujourd'hui on peut aller à Cambo en prenant le chemin de fer de Bayonne à Saint-Jean-Pied-de-Port, mais pour l'excursionniste et le chercheur des choses qui concernent les chasses et les pêches zoologiques, il faudra en passant par la Négresse faire un arrêt au charmant lac du même nom, où l'on trouvera la *Darwinella Stimpsoni*, l'*Unio Bayonensis*, et bien d'autres animaux bons à recueillir.

Suivre ensuite la route de Bayonne à Saint-Jean-de-Luz jusqu'à Anglet.

Un peu avant d'y arriver, sur la droite, on verra une jolie petite échappée d'eau, qu'on nomme la Fontaine des Anges, et dans laquelle vivent de jolies variétés de la *Lymnæa elongata*.

A Anglet, il est nécessaire d'obliquer sur la droite et la route de Cambo se montrera bientôt sur le territoire de Bassussary, où notre ami A. Detroyat possède de belles salines, dont les produits sont, à ce qu'il paraît, de qualité supérieure ; elles sont curieuses à visiter.

De l'autre côté de la Nive, se trouvent celles de Villefranque.

Après avoir gravi la montée d'Urdains ; la route traverse un territoire assez boisé appelé bois de Bériotz ; en pénétrant dans les taillis et en fouillant les mousses humides qui tapissent le sol, l'intéressant Mollusque dont il a été question[1] comme montrant des caractères qui ne sont pas tout à fait européens, le *Cryptazeca monodonta*, pourra y être surpris, mais il faudra de la patience, car il est rare et il se localise par petites places seulement. Il est d'autant plus intéressant de le recueillir que, suivant nous, il peut servir de preuve à l'origine Atlante du peuple Basque.

La route monte ensuite à Arrunts et peu après l'œil contemple la délicieuse vallée dans laquelle coule la Nive et sur ses bords apparaît la longue suite de maisons qui se succèdent sur une étendue d'au moins deux kilomètres sans s'écarter de la route et qui forment le joli bourg d'Ustaritz. Avant d'y descendre, il est indispensable de s'arrêter sur la hauteur pour admirer la vue qui s'étend jusqu'aux montagnes fermant un lointain horizon, les diverses parties qui, en s'éloignant de l'observateur se nuancent d'une multitude de tons s'harmonisent en même temps en se fondant par une succession

[1] Voy. p. 200.

de teintes, tantôt chaudes et vives sur les reliefs, s'atténuant au contraire jusqu'à devenir d'une douceur vaporeuse dans les bas, pour arriver à ne plus être que nuageuses sur les cimes des derniers plans. Sous la riche lumière de ce pays, tout cela représente une toile de fond d'un admirable effet. C'est bien en effet un véritable décor dont les détails varient de tons, de nuances et même de couleurs, suivant les heures et les jours ; on s'y arrêterait longtemps sans se lasser de voir. Mais il faut traverser Ustaritz et suivre, pour passer au bas du petit séminaire de Larressore, établissement bien situé, où l'on reçoit une bonne éducation et qui jouit d'une grande réputation dans le pays. Nous connaissons des ecclésiastiques qui y ont été professeurs et qui sont hommes de valeur.

En montant à Cambo sur les versants de l'autre rive de la Nive, Halsou jette la note gaie de ses maisons blanches.

Après la côte qui s'est élevée pas mal au-dessus du lit de cette jolie rivière, dont le nom veut dire *neige*, un plateau assez vaste se présente. C'est sur son sol que sont bâties les maisons du haut Cambo, dont les eaux minérales commencent à devenir à la mode ; elles ont de l'efficacité, paraît-il, de plus le séjour ici est enchanteur. Une partie de la ville s'avance, plantée sur un promontoire à pic, une falaise aménagée en terrasse, au pied de laquelle les eaux de la rivière se sont fait une voie en contournant le massif. De ce point, une vue pleine d'attraits. C'est là que nous avons trouvé une très curieuse *Clausilie*, espèce inédite, la *Clausilia trilabiata*.

Pour arriver à l'établissement des bains, c'est par une véritable allée de parc qu'on y descend et elle vous amène en effet dans le parc même, sous les magnifiques ombrages d'arbres recouvrant de leurs branchages une longue prairie, bien fraîche, toujours aux bords de la Nive. Sur son autre rive s'élève l'Oursouia, la montagne aux belles eaux; il est facile de s'engager sur ses pentes en traversant le pont suspendu qui dessert la route conduisant à Hasparren. Suivons cette route, et elle nous conduira aussi à la Bastide de Clarence où se trouve un couvent de bénédictins, puis à Bidache qui possède les beaux restes d'un château des ducs de Gramont et dont les carrières de calcaire sont fort importantes.

Revenant ensuite à l'ouest, nous traverserons Briscous, dont les salines ont été un instant possédées par la reine Christine d'Espagne.

Puis nous regagnerons Bayonne en nous arrêtant un instant à Bramepan pour y chercher des *Acme cryptomena*, des *Valvées* présentant une assez curieuse variété et des *Neritines* de la variété *quadrinostoma* et enfin nous arriverons à Biarritz, après avoir fait un circuit qui nous laissera de bons souvenirs et qui aura permis aux naturalistes d'enrichir pas mal leurs collections.

CHAPITRE XXI

DE CAMBO A ESPELETTE, AINHOA ITSATSOU, LOUHOSSOA, BIDARAY, OSSÉS BAIGORRY, SAINT-JEAN-PIED-DE-PORT, ETC.

En remontant des bains de Cambo sur le plateau, la route se retrouve; elle nous conduira sur un sommet assez elevé pour que de là l'œil embrasse toute la partie de l'extrême sud-ouest de France, que l'on voit bordé au loin par l'Océan.

Nous avons voulu indiquer d'abord ce point d'où l'on jouit d'un spectacle merveilleux, l'espace qui se développe devant le spectateur déroulant à ses yeux un ensemble d'ondulations gracieusement modelées, ornementées de mille détails, habitations, villages, bois, cours d'eau, diversement, mais harmonieusement nuancés. Il fallait le voir et comme cela nous n'aurons pas à revenir sur nos pas pour nous y rendre.

Il sera nécessaire néanmoins de rétrograder quelque peu pour gagner à travers champs une hauteur qu'on nomme la *Bergerie* et sur le parcours on pourra ramasser de beaux fossiles, dans quelques-unes des carrières qui s'y trouvent en exploitation.

C'est dans les environs de ce mamelon qu'est situé ce que l'on nomme le *Camp de César*, mais qui n'est pas du tout un camp romain. Nous pensons qu'il n'y a là tout simplement que des morènes. Elles ont sans doute été remaniées pour une appropriation militaire. Mais ce seraient les peuplades habitant primitivement la région, qui, pour sauver leurs biens et leurs troupeaux, lors des invasions venant du Nord, les auraient aménagées afin de s'abriter derrière ces amoncellements qui, tout naturellement, comme morènes, fermaient la gorge au fond de laquelle coule la Nive entre l'Oursouïa et le Mondarrain. La chose est curieuse à voir.

Après avoir visité ces vieux retranchements, si jamais ils en servirent, on retombera sur la route, à une bifurcation, dont un embranchement conduit à Espelette, l'autre à Itsatsou.

Suivons le premier, il contourne cette montagne dont nous venons de parler, le Mondarrain (fig. 109), au pied duquel se trouve le chef-lieu de canton que nous allons chercher, nous le trouverons à peu de distance sur un des derniers penchants de la montagne qui mérite une mention particulière. Elle montre en effet sur son sommet un amoncellement de roches qui, vues du bas de la montagne et surtout de loin, font parfaitement l'effet d'une forteresse. Son ascension n'est point difficile, elle est même facile. Chaque jour les douaniers, en faisant leurs rondes, la traversent à son point culminant. Les curieux pourront donc aller jusqu'au haut et de là ils jouiront d'une vue splendide et étendue jusqu'aux vagues du large sur l'Océan, qui borde le panorama de toute la contrée; elle se développe en s'abaissant graduellement pour en atteindre les rives.

Fig. 109. — Le Mondarrain.

Poussons jusqu'à Ainhoa, qui se trouve bien près de la frontière d'Espagne, puisque la Nivelle presqu'à sa source l'en sépare et que, pour y entrer, il n'y a qu'à franchir le pont d'Ancherinea, au delà duquel on pénètre dans la vallée d'Urdaches; la route conduit au col de Maïa.

Les habitants font quelque peu de contrebande, mais sur une très petite échelle, en rentrant des terres non françaises qu'ils vont cultiver, hommes et femmes, ils rapportent chaque jour quelques grammes de café ou de sucre et quelques allumettes.

Revenir à Espelette pour y coucher permettra de chercher, sur le versant du Mondarrain, dans les sources, des crustacés *(Gammarus)*, parmi lesquel on retrouvera peut-être l'espèce qui a de l'analogie avec celle du lac Baïkal, puis en soulevant les pierres les mollusques particuliers à la région *Clausilia Pauli, Helix constricta, Quimperiana* et des *Acme*, de jolis insectes et enfin quelques papillons.

Le lendemain matin, on regagnera la route d'Itsatsou au point où elle se bifurque, ainsi que nous l'avons dit. Sur la gauche en arrivant, on verra encore des restes de morènes, puis il faudra prendre le chemin à droite qui mène à l'église, la visiter et pousser au moins jusqu'au Pas de Rolland (fig. 110), si l'on ne veut pas aller au Jardin d'Enfer et au Précipice des Vautours, ce qui prend une journée tout entière.

Revenons donc à Itsatsou, où les excursionnistes pourront fort bien déjeuner à l'auberge du Pas de Rolland ; après quoi ils traverseront le pont suspendu qui traverse la Nive et monteront à Louhossoa où se trouvent des moulins à kaolin. Quels jolis ruisseaux les font tourner et comme ils égayent la route descendant un escarpement à pic sur la partie qui borde la rivière.

La route, de l'autre côté, est dominée par la montagne sur laquelle croissent, vigoureux, de

Fig. 110. — Pas de Rolland.

beaux buis communs en cet endroit, puis elle atteint Bidaray, dont le pont (fig. 111) mérite d'attirer l'attention ; le village lui-même est inté-

FIG. III. — Le pont de Bidaray.

FIG. 112. — Pont de Baïgorry.

ressant, fort pittoresquement planté un peu au hasard au milieu d'un paysage rude et sauvage, dans lequel dominent des rochers bizarrement découpés et qui paraissent d'un très difficile accès, parfois impossibles à gravir, ce qui est dommage, car quelques groupes sont très curieux, on pourra cependant tenter de les escalader. La culture en ces lieux paraît bien ardue et peu productive.

Bidaray mène à Ossés, en suivant la vallée que parcourt la Nive ; sur la rive opposée, se trouve Saint-Martin d'Arosa. C'est là que se réunissent les deux Nives, celle qui vient des Alduldes et celle qui arrive d'Arneguy ; on n'est point d'accord pour décider laquelle doit être regardée comme la vraie.

A quelques kilomètres plus loin, se présente Baïgorry ou plutôt Saint-Étienne de Baïgorry, mot qui signifie les eaux rouges, si on prend, pour rendre le mot *Baï*, l'acception de baie, agglomération d'eau. Le pont sur lequel on traverse la rivière est assez joli. Son arche, en arc allongé (fig. 112), son tablier incliné pour monter au point culminant de l'arcade et dont les deux côtés se rencontrent en faisant un angle assez prononcé lui donnent l'élégance de ces types d'autrefois, que l'on ne retrouve plus que rarement.

De Baïgorry, on peut aller à Elissondo par le col d'Ispeguy, ou bien en passant par les Alduldes et par le port de Berdariz.

A quelques kilomètres de Baïgorry, se trouve

Saint-Jean-Pied-de-Port, dont la citadelle est encore considérée comme un poste avancé important pour la défense de la frontière. On entre dans la ville

Fig. 113. — Pont à l'entrée de Saint-Jean-Pied-de-Port.

en passant sous un vieil arceau (fig. 113), qui sent le Sarrazin ; elle n'a rien autre de remarquable, mais elle conduit d'une part à la forêt d'Iraty, qui mérite qu'on y monte, elle fera connaître ce que sont ces versants pyrénéens, les plateaux qui les couronnent parfois, alors qu'ils sont demeurés possesseurs des beaux arbres qui les recouvrent et les ornent, et l'on regrettera les déboisements qui, en dénudant tant de terrains plantés, leur ont enlevé presque tout leur pittoresque et en ont fait

Fig. 114. — Porte de la Commanderie à Irisary.

une cause de dévastation par les débordements des ruisseaux, des rivières et des fleuves dont ils sont cause.

D'un autre côté de Saint-Jean-Pied-de-Port, on va à Arneguy par la délicieuse vallée dont nous avons déjà parlé[1]. Arneguy, c'est le village fron-

[1] Vo.y p. 318.

Fig. 115. — Ancienne abbaye de Prémontrés à Sordes.

Fig. 116. — Vieille maison à Sordes.

tière situé au col d'Haneta. Quelques maisons sont même espagnoles. C'est encore un pont qu'il faut franchir pour ne plus être en France.

Si on veut aller jusqu'à Roncevaux par Val Carlos, on n'aura qu'à continuer par la route déjà suivie. Non seulement les souvenirs de cette bataille où Roland fut accablé donnent au pèlerinage un intérêt réel, mais il y a aussi des reliques consistant en armes et autres objets ayant appartenu à quelques-uns des guerriers de Charlemagne.

Puis les chaînes de Navarre, ainsi indiquées parce qu'elles figurent dans l'écusson de Navarre. Elles entouraient le camp du roi maure, mis en déroute à la bataille de las Navas de Tolosa.

Il est possible de revenir à Saint-Jean-Pied-de-Port en rentrant par le col de Bentarte et sur sa route l'excursionniste pourra voir les pics de Leiçar, d'Urdamare, d'Urdasbare, de Beillurte et d'Hortatégny et passer devant Château-Pignon, un des rares Castels du pays.

Pour revenir à Biarritz, en suivant une nouvelle route, on prendra par Irisary, où se trouvait une commanderie de l'Ordre de Malte (fig. 114), par Isturitz dont les grottes sont à visiter, par Hasparren, Bidache, Peyrhorade, qu'il ne faut pas quitter sans y faire une pointe.

A Sordes, il y avait autrefois un abbaye de Prémontrés, dont les restes sont intéressants (fig. 115) et une vieille maison assez curieuse (fig. 116).

Près de Sordes se trouve une importante station préhistorique.

Rentré à Peyrhorade, on peut, si l'on veut, choisir un jour de départ des coches d'eau qui existent encore ici et qui vont à Bayonne, et, à bord de ce vieux moyen de transport, descendre le Gave et l'Adour; le voyage par eau sera des plus agréables, pourvu qu'on fasse abstraction du confort sur le bateau qui, n'étant pas encore à vapeur, ne peut offrir au voyageur rien qui ressemble à un restaurant.

On n'en arrive pas moins à Bayonne, d'où l'on rentre à Biarritz après une excursion assez longue, assurément, mais fructueuse par les souvenirs qu'elle laissera et les spécimens pour collections qu'elle aura permis de recueillir.

CHAPITRE XXII

LA RÉGION DES LACS

Lac de la Négresse. — Lac de Brindos. — Lac de Chiberta. — Lac de la Barre. — Lac de Lahoun. — Étang de Garos. — Lac d'Irieu. — Marais d'Orx. — Lac d'Ossegor. — Étang Noir. — Lac de Soustons. — Étang de Biscarosse et de Parentis. — Étang de Cazau et de Sanguinet.

Si, au lieu de pénétrer un peu avant dans le pays, l'excursionniste voulait parcourir une zone dont le territoire ne s'écarte que peu de la côte, il rencontrerait sur son chemin une série d'étangs ou de lacs, qui présentent des caractères donnant à chacun d'eux un intérêt particulier. Ils méritent donc d'être vus et on remarquera que leur ensemble imprime à cette partie du pays une physionomie particulière qui attire l'attention sur elle.

Celui qui se trouve le plus au sud est le lac de la Négresse ou de Mouriscotte, qui est assez pittoresquement situé et dont les eaux transparentes reflétent parfois le ciel de la plus charmante façon.

Au-dessus de lui, mais dans une situation qui n'est pas comparable, le lac Marion sur un plateau entouré de fougères.

Redescendant, et au même niveau à peu près que le premier, le lac de Brindos, assez monotone étendue d'eau, sans autre charme que celui de montrer une surface presque toujours unie et dans lequel on pourra pêcher à la drague l'*Unio Bayonensis*, non le type, mais une variété curieuse surtout parce que sa surface est métallisée par une couche bronzée, due sûrement à un oxyde métallique contenu dans les eaux du lac.

Remontant le terrain et traversant Anglet, dans la Pignada presque au bord de l'Océan, à quelques pas de son rivage, dort le petit lac de Chiberta, dont la situation si tranquille semble somnolente tellement elle est calme; elle est due à une sorte d'enfouissement de la nappe d'eau sous le dôme dont les pins la recouvrent. Il fait bon venir y rêver tout en y respirant cet air salutaire si bien imprégné de senteurs résineuses et de sels marins, la chose est bien facile, Chiberta est si près de Biarritz.

Vers le nord, en quittant le dessous des arbres, on foule le sol de l'hippodrome qui circule autour de ce que l'on appelle le *lac de la barre*, son eau est saumâtre. Cette nappe est si près du rivage qu'à travers l'étroite marge qui la sépare de la mer, les eaux du flot s'infiltrent tout comme s'échappent celles du jusant. C'est un magnifique emplacement pour y faire de la pisciculture, il est inconcevable qu'on n'y ait pas encore songé.

Il en est de même des espaces qui en dedans des jetées en pierres de l'Adour remontent jusqu'au Boucau. Le flot les envahit et avec lui des nuées de petits poissons de toutes sortes s'épanchent avec l'eau qui va recouvrir jusqu'à la fin du jusant le terrain sur lequel ce naissin trouve une abondante nourriture. Très aisément avec de petites écluses fermées par des treillages métalliques on retiendrait tout ce fretin dans ces réservoirs parfaitement prêts à servir à son élevage, et en peu de temps on aurait là un approvisionnement pour les poisonneries des villes voisines qui serait très lucratif. Un système des plus simples permettrait aux jeunes poissons du dehors amenés par le flot d'entrer au dedans des jetées et empêcherait ceux qui s'y trouveraient déjà d'en sortir. Ce même système servirait à retenir ce que l'on voudrait des eaux et à les maintenir sur les lieux à un niveau convenable.

Au delà de l'Adour, un peu en amont du Boucau se trouve le moulin d'Esbouc, que fait marcher l'eau d'un étang qui reçoit celle d'une sorte de canal venant des Pignadas.

A quelque distance vers le nord, près d'une métairie, quelques mares profondes, presque réunies les unes aux autres, constituent un gîte très fréquenté par les bécassines, poules d'eau, canards, sarcelles et autres oiseaux aquatiques; il se nomme l'*Aïguassotte*. Pénétrant dans la Pignada, on ne tarde pas à rencontrer ces dépressions dont nous avons parlé[1], et qui sont surtout situées sur l'ancien lit de l'Adour, la principale porte le nom de *lac de Laboun*.

Fig. 117. — Le lac d'Irieu.

Puis, suivant toujours la même direction, il ne faut pas longtemps pour en rencontrer d'autres ayant plus positivement le caractère d'étangs et pour arriver à celui d'Ondres qui porte aussi le nom d'étang de Garos; la situation de celui-ci est assez pittoresque, il se prolonge en canal, et ses eaux vont se perdre dans le ruisseau du Boudigau, près du cap Breton.

Un peu plus au dedans des terres et sur la droite, le lac d'Irieu (fig. 117), au milieu d'un site des plus pittoresques, entouré de beaux arbres de diverses

[1] Voy. p. 127.

essences au-dessus desquels les coteaux de la Chalosse apparaissent riants et s'élevant graduellement jusqu'aux premières croupes des monts, dont les cimes neigeuses, blanches et rosées pointent vers les nues, et dont les rudes arêtes se dessinent pour en tracer les reliefs. Tous les escarpements de ces arrière-plans se révèlent dénonçant leurs rudesses et les profondeurs qu'ils cotoient par le jeu des clairs et des ombres, courant sur les profils jusqu'à la nappe d'eau qui reflète un peu toutes les nuances de ce cadre vraiment richement paré. Elle se prolonge en laissant croire par des sinuosités gracieusement posées, à une pénétration plus grande au sein des terres. Illusion à laquelle concourent et la lumière qui éclaire et les cimes pyrénéennes et les coteaux et les vallons sur lesquels elle se détache et les plans intermédiaires et ceux qui en leur succèdant arrivent à être les premiers. Cette lumière semble emprunter à l'air marin s'échappant de la surface de l'Océan, pour s'épancher sur la région, quelque chose qui la rend plus riche, plus pénétrante, et qui lui sert à rehausser d'éclats plus vifs qu'ailleurs tout ce qu'elle éclaire ici. Cette lumière est bien particulière au pays et surtout à Biarritz. On l'a souvent remarqué, quelques-uns pensent même qu'elle possède des propriétés hygiéniques qui rendent très salubre sa station balnéaire, aussi bien que sa station hivernale. Les eaux d'Irieu vont rejoindre par le canal du Boudigau celles de Garos.

A peu de distance dans le nord, de vastes marais, les marais d'Orx, formaient en hiver, une étendue d'eau considérable ; ils ont été assainis par Napoléon III. Aujourd'hui, c'est une grande plaine exploitée par de très importantes cultures.

Dans le nord-ouest, se trouve le lac d'Ossegor, dont nous avons déjà parlé[1], et au nord-est de celui-ci, près de Seignosse, l'étang Noir, l'étang Blanc, l'étang de Hardy ; ils n'en font presque qu'un et communiquent avec celui beaucoup plus grand de Soustons, sur les bords duquel le bourg de ce nom est situé. C'est dans ses eaux que vit un *Unio* ayant de l'analogie avec l'*Unio platyrinchoïdeus*, mais dont le test est si mince, si fragile qu'il semble indiquer que les eaux dans lesquelles on le trouve sont aussi malsaines pour lui que l'étaient celles d'Ossegor pour les Lymnées.

Ce serait une excursion à faire que celle de Soustons, pour étudier cette question des eaux de son lac et de la situation pathologique des animaux qui les habitent.

Au-dessus de Soustons, dans le nord, on trouve l'étang de Léon, puis plus loin celui de Saint-Julien en Borne, et encore plus loin celui d'Aureilhan.

Enfin, sur la limite du département des Landes, deux très vastes étendues d'eau communiquant l'une avec l'autre, la première qui porte le nom d'*étang de Biscarosse* et de *Parentis*, l'autre plus

[1] Voy. p. 187.

au Nord celui d'*étang de Cazau* et de *Sanguinet*. Ce sont d'excellents lieux de chasse en hiver et de pêche en tout temps.

En pénétrant dans le département de la Gironde, nous retrouverions la suite de cette singulière succession de nappes d'eau, qui bordent les approches de la mer et qui donnent à cette partie du littoral du golfe de Gascogne un caractère particulier

FIN

TABLE

Lyon — Imp. PITRAT AINÉ, A. Rey Successeur, 4, rue Gentil. — 5920

Lyon. — Imp Pitrat Aîné, A. Rey Succr. — 5920

www.ingramcontent.com/pod-product-compliance
Ingram Content Group UK Ltd.
Pitfield, Milton Keynes, MK11 3LW, UK
UKHW020307230726
13925UKWH00001B/259